养殖致富攻略·一线专家答疑丛书

肉鸭高效养殖有问必答

郭秀清　张立庆　主编

U0238325

中国农业出版社

内 容 简 介

　　本书以广大肉鸭养殖户日常生产中常见的问题为主,力求科学实用,简述了肉鸭品种选择、规模养殖场建设和投资效益分析,重点介绍了肉鸭饲养管理技术和疾病控制技术。

本书有关用药的声明

随着兽医科学研究的发展、临床经验的积累及知识的不断更新，治疗方法及用药也必须或有必要做相应的调整。建议读者在使用每一种药物之前，参阅厂家提供的产品说明书以确认推荐的药物用量、用药方法、所需用药的时间及禁忌等，并遵守用药安全注意事项。执业兽医有责任根据经验和对患病动物的了解决定用药量及选择最佳治疗方案。出版社和作者对动物治疗中所发生的损失或损害，不承担任何责任。

中国农业出版社

前　言

　　我国是世界上养鸭最多的国家，养鸭业是我国的特色产业和农村经济发展的支柱产业之一，随着养鸭业特别是肉鸭产业的迅速发展，我国肉鸭产业逐步走向规模化、产业化的道路。近几年来，我们在为养殖者服务的过程中，常常遇到他们提出的一些非常实际的问题。因此，我们请了一些具有实践经验的养鸭企业技术服务人员和兽医临床专家，对养殖者日常生产中常见的问题作了详尽的解答，目的是为广大肉鸭养殖户和规模场提供一本较实用的参考书。鉴于肉鸭生产受多种因素影响，加上笔者水平有限，书中如有不妥之处，请同行给予批评指正。

编　者

2016 年 5 月

目　录

5

一、规模养殖场投资与效益分析

1. 建设肉鸭饲养场之前，应准备哪些工作？

首先，进行场区选址，场址要选择背风向阳、地势较高、土壤干燥、水电方便充足的地方，确保饲养场不污染周围环境，周围环境也不污染饲养场环境，符合城市、村镇规划要求，不得在划定的禁养区、限养区内新建养殖场。根据《中华人民共和国畜牧法》及地方相关规定，畜禽养殖场、养殖小区选址应当符合下列要求：①符合城乡规划，地势、水源、土壤、空气符合相关标准，距离村庄、居民区、公共场所、交通干线 500 米以上；②建在地势平坦干燥、背风向阳，居民聚集区的下风向，未被污染、无疫病的区域；③距离动物屠宰加工场所、畜禽交易市场、其他畜禽养殖场或者养殖小区 500 米以上；④距离垃圾及污水处理场所 1 500 米以上；⑤距离动物隔离场所、无害化处理场所 3 000 米以上；⑥法律、法规和规章规定的其他要求。

其次，确定土地性质，确保所使用土地不是基本农田。如果为基本农田，则另外选址。

第三，土地备案，需向当地畜牧、国土管理部门备案。经同意后，即可建设。如山东省，可根据《山东省畜禽养殖管理办法》第十四条规定：畜禽养殖者应当在畜禽养殖场、养殖小区投入使用后 30 日内，向所在地县级人民政府畜牧兽医行政主管部门提出备案申请，并提交下列材料：①备案登记表；②畜禽养殖者身份证明原件及复印件；③动物防疫条件合格证原件及复印件；④养殖场、养殖小区的区位图、平面布局图；⑤生产管理和畜禽防疫制度；⑥污染防治设施验收文件。

2. 如何建设肉鸭标准化饲养场？

（1）养殖规模设计　根据养殖者的经济实力和主观愿望，确定肉鸭养殖的发展规模。为了更有效地利用现代化的养殖设施和设备，一般每栋鸭舍按照 1.5 万～2 万只设计，每个养殖场设计 6～10 栋鸭舍都是可行的，也就是现代健康养殖的规模每个批次 9 万～20 万只不等。规模太小影响养殖和经营效益，规模太大对于供雏、防疫、管理、出栏等都会造成很多不便和风险。不管规模多大，一个基本的原则就是能在3～4天内上完苗、出完栏，同时也要求相当规模的屠宰厂作为配套资源，否则规模太大，进雏和出栏拖拉的时间会很长，从生物安全的角度无疑是一场灾难，另外规模太大对免疫和管理也有很大的难度和不确定性。

（2）整体布局和占地　当确定养殖规模以后，在选址时要充分考虑基本养殖所需要的面积和尺寸，如果考虑到绿化带和防护林甚至考虑到以后可能会扩大规模的话，也可以适当地多征用一些土地。一般 4 栋 30 亩*、6 栋 45 亩、8 栋 60 亩是比较适宜的。根据大家建场的经验，鸭舍一般要求长 120 米×宽 13 米，鸭舍间距在 10～15 米。如果不需要侧向通风，鸭舍间距可以在 2～4 米，有的地方为了降低建场投资和提高保温效果，可以建造联体鸭舍。考虑到净道和污道的出入方便，基本要求土地的宽（一般为东西向）至少是 150 米，而长（一般为南北向）在 180～300 米为宜。

（3）配套设施　现代养殖成功的保障在于环境控制和先进设备的自动化，如自动供暖系统、通风降温系统、供水系统、供料系统、供电系统、加湿系统、自动清粪系统、网上养殖（钢架床＋塑料垫网或养殖专用塑料床）等。

（4）附属设施　应具备服务房（卫生间、淋浴间、宿舍、餐厅、仓库、办公室、兽医室、化验室、车库等），污水处理池，粪便发酵处理池及焚烧炉等。

（5）养殖模式与投资设计　地面养殖要求鸭舍低一些，投资也会

＊　亩，非法定计量单位，1 公顷＝15 亩。

节省一些；如果是网上养殖，鸭舍要抬高 30～50 厘米，网架和塑料垫网要增加 1/5～1/4 的投资，另外还要准备足够的可供周转的流动资金（主要用于采购苗、饲料、燃料、疫苗、药物、低值易耗品和预交水电费等）。

3. 肉鸭自动化养殖设施有哪些？

现代养殖成功的保障在于环境控制和先进设备的自动化，包括：供暖系统（暖风炉＋引风机＋风道＋水暖片）、通风降温系统（侧向风机＋侧窗＋纵向风机＋湿帘和配套水循环系统）、供水系统（水井＋备用水井或蓄水池＋变频水泵＋过滤器＋加药器＋自动乳头式饮水线）、供料系统（散装料车＋散装料仓＋主料线＋副料线＋料盘）、供电系统（高压线＋变压器＋相当功率的备用发电机组）、加湿系统（自动雾线或专用加湿器）和网上养殖系统（钢架床＋塑料垫网或养殖专用塑料床）等。

4. 影响肉鸭养殖经济效益的主要因素有哪些？

（1）要考察好市场　主要看所在的地区是否有鸭加工的龙头企业来消化鸭产品，如果没有，鸭的销路问题就很难解决，最后造成产品积压，鸭价格下降，养鸭效益就得不到保证。

（2）选择好鸭品种　遗传性能稳定的优良品种是获得好的经济效益的前提和基础。有的养殖户贪图便宜，常常从翻代鸭场（即由商品肉鸭留种）进苗，由于遗传性能不稳定，在生长过程中会出现个体大小不匀、采食量偏高等现象，特别是对于饲养周期较长的大体重产品，表现更为明显，给场地的清理、防疫带来困难；有的不同日龄肉鸭同处一舍，引起疾病交叉感染。

（3）优选鸭苗　管理严格的良种鸭场，在种鸭的防疫上比较严格，能大大减少疾病"垂直传染"的机会，鸭苗的健康有保证，便于饲养管理。

（4）科学的防疫　有效的防疫是降低养殖风险、保证经济效益的根本。切记"防重于治、防治结合"。因此，应根据本地的具体特点，寻找出发病的规律性，制订切实可行的防疫计划。一般而言，只要前期管理得好，3周龄以上的肉鸭不易生病。

(5) 选择优质饲料 在整个养殖成本中，饲料成本占养殖成本的70%左右。在选择饲料时，不应只看饲料的价格，并不是饲料价格越低越好，关键要算饲料的投入产出比。此外，由于鸭对饲料中有毒有害物质的含量非常敏感，应该从信誉好的企业选择优质全价饲料。

(6) 精心的饲养管理 具体包括鸭舍育雏前的准备（彻底的清洗、消毒、通风干燥、进苗前一天升温）、育雏温度的控制、放养的密度、购买健苗建立档案，及时"开水""开食"和合理的光照，以及肉鸭中期舍内的环境卫生、鸭舍通风换气、定期防疫接种、消毒，不断水、断料等管理措施。

5. 肉鸭标准化养殖大棚建设要点有哪些？

(1) 鸭舍建设

①肉鸭舍长度、高度和跨度：肉鸭舍长度根据地势确定，按照饲养2万只肉鸭大棚每平方米饲养8～10只计算，长度应确定在200米、宽12米，双坡式肉鸭舍屋顶高4.2米，屋檐高3.0米，肉鸭舍两面屋檐滴水之边墙内宽12米，两边为网床，网床宽11.8米，中间设走道，走道宽1.2米（图1-1、图1-2）。

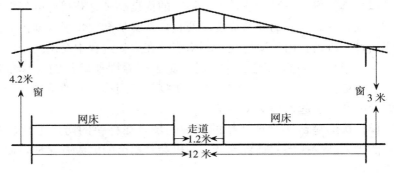

图1-1 标准化肉鸭饲养大棚剖面图

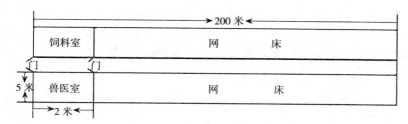

图1-2　标准化肉鸭养殖大棚平面图

②墙体的处理：内外墙用水泥砂浆抹平，墙高3米，在两侧墙体（离地1.2米）上各安装四面窗户，便于采光，窗户规格为1.5米×1.5米。

③肉鸭舍地面的处理：肉鸭舍地面高出舍外15厘米以上，先铺一层地膜，再用水泥砂浆抹面，高出地面0.6～0.8米铺一层架空的金属网作为鸭床，网眼的宽度为13毫米左右，建筑层数为一层，地面沿蓄粪池方向成1%的坡度，便于清洗。

（2）屋顶的设计

①肉鸭舍屋顶采用"人"字形钢架结构作为屋梁。

②肉鸭舍屋顶铺盖蓝色夹心彩钢，泡沫厚度为3厘米以上：一是有利于炎热夏季防暑降温。二是有利于冬季保暖。

③门、窗的处理：肉鸭舍门可分为双扇门和简易木门，双扇门高2.1米、宽1.6米，简易木门高2.1米、宽0.9米；肉鸭舍窗户采用钢窗，窗户高为1.5米、宽1.5米。

6. **目前建一处高标准的规模化肉鸭饲养场，大约需要投资多少？**

高标准的规模化肉鸭饲养场投资较大，一家一户建设难度较大，建议采取由企业投资建设饲养场，农民承包经营的方式较为妥当。

龙头企业建设自己的基地、发展订单式畜牧业，既能保证企业的加工原料供应，又能实行统一的饲养管理标准，确保产品质量，增强市场竞争力，保证企业的最大利益。同时，标准化饲养场建设投资大，管理水平高，农民一家一户很难做到。例如，山东新昌食品有限公司建设的标准化肉鸭饲养场，目前属国内先进水平，一处饲养场占

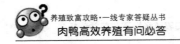
地 50 亩，建鸭舍 20 栋，承包经营，饲养场标准化程度高，防疫制度严格，配套设施齐全，禽舍降温、取暖、通风设备配套齐全，批出栏肉鸭 12 万只，每个饲养场投资 500 万元左右。

二、规模养殖风险防范

7. 如何防范规模养殖风险?

随着我国市场经济的发展和加入 WTO,我国养殖业的市场前景越来越好,但养殖业的风险也随之加大。防范和减小风险是养殖业健康发展的保障,目前已经成为养殖生产中的重要课题。

据《中国科技报》调查,90%的养殖户在养殖前未对市场做过系统的调查分析,只是听说能赚钱就跟着别人养。大部分的农村养殖户都没有经过专业培训,养殖知识主要通过问别人获得。70%的养殖户生产的畜禽产品没有固定的销售渠道。缺乏动物疫病防治技术,动物死亡率较高,大部分养殖户都亏过本,原因主要是动物死亡率高和产品价格低。

养殖户风险的防范能力低,养殖的盲目性较大。因此,农户在拟进行规模养殖前应树立风险意识,并了解如何防范养殖风险。具体来说防范风险的方法大体有以下几方面。

(1)**养殖前应做详细的市场调查和市场分析** 包括对市场价格、销售、养殖成本及效益进行调查分析。调查分析要客观,对市场因季节、外地产品进入等变化可能带来的影响应给予充分的考虑。

(2)**掌握科学的养殖技术** 技术是养殖成功的关键,应用先进的养殖技术才能获取较好的效益。可通过参加培训、到先进的养殖场取经、看书、看影碟等方式学习技术。学的知识一定要全面、准确,切忌一知半解。学到的知识应与实际相结合,不断摸索,不断总结。

(3)**适当控制规模** 应根据市场情况随时调整养殖规模。按经济学的原理,规模越大,风险也越大。在对市场和技术掌握得不太好时,应适当控制规模,避免盲目扩大规模,只有这样才能有效防范

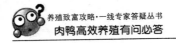

风险。

（4）**降低养殖成本**　养殖成本中主要是种苗和饲料。有条件的养殖户可采用自繁自养来降低种苗成本。自己配制饲料可降低饲料成本，农户联合起来一起进种苗和饲料，也可降低饲料的单价和运费。只有降低成本，才能使产品具有竞争力，更好地抵御市场风险。

（5）**采取多种方式扩大销路**　应加强主动销售的意识，主动去找市场，可以联系一些销售商，发展订单养殖。与一些大的公司签订合同，由其提供种苗、饲料、技术，农户负责饲养管理，产品按合同由公司收购。这种方式可较好地解决农户资金、技术、销售方面的困难，能给农户带来稳定的收益，能有效降低农户的养殖风险。

（6）**做好疾病预防**　发病率和死亡率高是许多养殖户亏本的重要原因。应严格按免疫程序并结合当地实际情况进行动物的预防接种，定期消毒，搞好清洁卫生，减少动物疾病的发生。

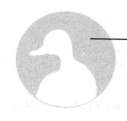

三、养殖场建设

8. 选择鸭场场址应考虑的因素有哪些?

　　小型鸭场的选址可以因地制宜，但应远离交通主干道、大量运输家禽及饲料的要道、居民区和其他畜禽养殖场、畜禽屠宰厂、畜禽产品加工厂、垃圾站等，不得建在饮用水水源、食品厂上游。大型集约化鸭场场址的选择所要考虑的因素就比较多，主要有建场地点的自然条件和社会条件。自然条件包括位置、地势、土壤、水源、气候等；社会条件包括交通、电源、防疫、建筑、当地经济状况等。

　　(1) 交通与位置　鸭场应远离大城市和重工业区，尤其是原种场和种鸭场，与城市的距离应是 30～50 千米，肉鸭场与城市的距离应是 10～20 千米。与其他畜禽场的距离应不少于 20 千米，距主要公路不少于 500 米，距次要公路至少 100～150 米，但要求比较接近消费地和饲料来源地，以便于产品的销售和饲料的运输。

　　(2) 土质与地势　鸭场应建在透水、透气性好和排水方便、导热性小、自净能力强的砂壤土上。地势要求背风向阳，温度变化不大，最好有一定的坡度（30°左右）。如果是小山坡地势，更要求坐北（或西北）朝南（或东南），不应选择北坡（或西北坡）。

　　(3) 水源与电源　水源应当充足，水质良好。大型鸭场应有良好的贮水与供水系统。鸭是水禽，需水量特别大。如有可能，最好能挖深水井，以防备自来水供应系统发生故障时作为应急之用，或者平日自来水与井水并用。同时，鸭场址应选择在有充足电力供应的地方，大中型鸭场还应有自己备用的发电设备。

9. 降低养鸭生产成本的措施有哪些?

降低养鸭的生产成本,除了注意肉鸭的品种、鸭苗的质量、科学的防疫和精心的饲养管理外,科学的用药和用料会进一步降低养鸭的生产成本。

(1) 有针对性给药 应在专业技术人员的指导下,有针对性地给药,避免因用药不对症或剂量不适当,造成浪费或引起中毒。

(2) 分清预防性投药和治疗性投药的区别 许多养鸭户预防性投药也使用或超量使用治疗量,结果不但加大了药费开支,还常常造成鸭中毒。

(3) 要选择廉价、高效的药物 有些价格较贵而效果很好的药物可用于小鸭,但用于大鸭时很不划算。

(4) 避免乱用药物 用一种药物能治疗的病尽量不同时用两种药物,乱用药物常因配伍不当、剂量不足或过大而事倍功半,人为地增大了药费开支。

(5) 慎重使用全群用药 不要因全群中有几只鸭发病就作为全群用药的依据,能隔离治疗就不要全群用药。同时,疫苗接种要常抓不懈。

(6) 使用全价饲料可以提高饲料报酬 全价饲料是根据饲养标准,按科学配方配制的,能满足鸭的营养需要,饲料转化率高。使用这种饲料,虽然单位数量价格高,但综合经济效益好。

(7) 减少饲料浪费 要避免一次加料过多。用食槽喂鸭时,一次饲料加入量不能超过料槽深度的1/3。如果是人工上料,上完后要进行1~2次的匀料。饲养员要有责任心,如果上料不精心,致使少部分撒落到地面,这样日积月累,不仅浪费饲料,而且容易滋生病原菌,影响其生产性能的发挥。

(8) 及时出栏 肉鸭生长速度快,饲养周期短,应实行高水平饲养,喂给高能量、高蛋白饲料,以促进其生长。肉大鸭一般在50天左右出栏较合适,因为这时肉鸭增重、饲料报酬已达高峰,经济效益最佳。在50日龄后肉鸭增重速度下降,饲料报酬降低。

（9）温度的控制 肉鸭的适宜生长温度一般在 12～24℃，在此温度范围内可有效地利用饲料。因此要尽量创造条件，以保温和降温来提高饲料报酬。

（10）合理使用添加剂 矿物质、维生素、氨基酸等营养性添加剂是必需的，其他的非营养性添加剂如杆菌肽锌等抑菌促生长剂对提高肉鸭增重和饲料利用率有明显效果。

10. 鸭场建筑布局在防疫上应注意哪些问题？

鸭场应将生产区、处理区、孵化区与管理区隔离开，至少应将干净区与污染区隔开。要铺设运输粪便、污物的专用污道。鸭场的人行道及过道最好是水泥路面或砖铺地面。经过鸭场过道的人、车辆、鸭只都应当遵循从青年鸭至老年鸭、从清洁区至污染区、从独立单元至人员共同生活区的单向运行方案。在场入口处设立人员消毒盘（池）和车辆消毒池，所有进、出场车辆和人员均经消毒后方可进入。各区配备冲洗消毒设备，对需要进入的物品进行冲洗消毒，场内和生活区道路也要定期消毒。

鸭场的规模要根据资金状况、设施、人员等综合考虑。鸭场越大，野鸟、人群、车辆的流动越频繁，生物安全环境越难维持，场区的隔离、管理都要有更高的要求。鸭场一般都采用小型或中型的规模饲养。

鸭的游泳池可新砌，也可利用池塘、沟渠改造，但要有利于排水和水质的更新，且要保持水质无污染。

11. 鸭场的建筑要求有哪些？

（1）符合经济方便的原则 条件好的可采用砖瓦结构，以达到坚固耐用目的，也可以因地制宜，就地取材。珠江三角洲不少鸭舍多采用竹子搭建，屋顶材料一般用蔗叶、茅草、沥青纸与竹叶、葵叶相结合等。近海地区养殖户还在简易鸭舍旁边种牵牛花，让牵牛花爬满整个屋顶，增强抗风能力，夏天又起到降温作用。

（2）**符合鸭群生理特点的要求** 鸭不怕冷而怕热，鸭舍应有利于温度的调节，光线充足，通风良好，干燥清洁，冬暖夏凉。因此，要千方百计地克服地形上的不足，鸭舍尽可能坐北（或西北）朝南（或东南）。鸭是水禽，特别喜欢水，虽然可以旱养，但国内外不少生产实践证实，给鸭提供水场与运动场，鸭会长得比较好，种鸭可以提高受精率。鸭舍、运动场、水场面积比例大约是1∶3∶2。运动场要有30°左右的倾斜度，以利于鸭下水上岸。

12. 建一个简易肉鸭饲养大棚需要多少土地？

鸭舍宽度为 8～10 米，长度为 30～50 米，高度一般为2.5～3米。考虑到生活管理房及饲料兽药存贮间，及与主干道路的通道，一个简单的肉鸭饲养大棚占地面积约为 1 亩。

四、品种选择

13. 肉鸭的主要品种有哪些?

肉鸭品种主要有北京鸭、樱桃谷鸭、奥白星鸭等。

(1) 北京鸭 北京鸭是北京地区的劳动人民经过长期培育而形成的优良肉鸭品种,现在已广泛地分布到世界各地,成为当代商品肉鸭生产中的主要品种。北京鸭的全身羽毛纯白,并略带乳黄光泽,喙、胫、蹼呈橘红色或橘黄色,眼大明亮,虹膜呈蓝灰色。初生雏鸭全身均为金黄色绒毛,故称其为"鸭黄",随着雏鸭日龄的增长,毛色逐渐变淡,长到4周龄时基本上全呈白色,8周龄羽毛长齐。北京鸭的体形丰满,体躯呈长方形,结构匀称美观,与麻鸭相比,头较大,颈粗,长度中等,背宽平,背线与地面夹角较小,约30°,前胸丰满,腹部丰满紧凑,产蛋母鸭其腹部松软,比较大而略下垂。两翅小而紧贴体躯,尾短,公鸭尾部有四根卷曲上翘的性羽(图4-1)。

(2) 樱桃谷鸭 樱桃谷鸭体形外貌酷似北京鸭。体羽洁白,头大,额宽,鼻脊较高,喙、胫、蹼均为橙黄色或橘红色,颈平而粗短,翅膀强健,紧贴躯干,背宽而长,从肩到尾部稍倾斜,胸部较宽深,肌肉发达,脚粗短(图4-2)。

(3) 奥白星鸭 奥白星鸭是由法国奥白星公司采用品系配套方法选育的商用肉鸭。具有体型大、生长快、早熟、易肥和屠宰率高等优点。该鸭性喜干燥,能在陆地上进行自然交配,适应旱地圈养和网上饲养。我国引进的是奥白星2 000型肉鸭(图4-3)。

(4) 天府肉鸭 天府肉鸭系四川农业大学家禽研究室于1986年年底利用引进肉鸭父母代和地方良种为育种材料,经过10年选育而成的大型肉鸭商用配套系(图4-4)。该品种鸭广泛分布于四川、重

图 4-1　北京鸭

图 4-2　樱桃谷鸭

图 4-3　奥白星鸭

图 4-4　天府肉鸭

庆、云南、广西、浙江、湖北、江西、贵州、海南 9 省（自治区、直辖市），表现出良好的适应性和优良的生产性能。

　　天府肉鸭体形硕大丰满，挺拔美观。头较大，颈粗，长度中等，体躯似长方形，前躯昂起，与地面呈30°，背宽平，胸部丰满，尾短而上翘。母鸭腹部丰满，腿短粗，蹼宽厚。公鸭有 2～4 根向背部卷曲的性羽，羽毛丰满而洁白。喙、胫、蹼呈橘黄色。初生雏鸭绒毛黄色，至 4 周龄时变为白色。

（5）狄高鸭 狄高鸭是澳大利亚狄高公司引入北京鸭，选育而成的大型肉鸭配套系（图4-5）。20世纪80年代引入我国。1987年广东省南海县种鸭场引进狄高鸭父母代，生产的商品代肉鸭反应良好。狄高鸭的外形与北京鸭相似。全身羽毛白色。头大颈

图4-5　狄高鸭

粗，背长宽，胸宽，尾稍翘起，性指羽2～4根。狄高鸭初生雏鸭体重55克左右。商品肉鸭7周龄体重3.0千克，肉料比1∶（2.9～3.0）；半净膛屠宰率85%左右，全净膛率（含头脚重）79.7%。

（6）枫叶鸭 又名美宝鸭，是美国美宝公司培育的优良肉鸭品种（图4-6）。近年来，由广东省一些研究单位和种鸭场引进饲养。该鸭的商品代49日龄平均体重2.95千克，肉料比1∶2.67。枫叶鸭最大的特点是瘦肉多、长羽快、羽毛多。

图4-6　枫叶鸭

14. 樱桃谷种母鸭什么时候进入初产期？年产合格种蛋多少？蛋重多少？

　　樱桃谷种母鸭的初产期是由饲养管理条件、控饲时间长短、体重控制以及性成熟的生理时间等因素所决定的，初产期一般在140～165日龄。产蛋过早，产蛋率上升缓慢，产蛋高峰期短；产蛋过晚，饲料成本过高，造成浪费，降低经济效益。当产蛋率达到50%时，

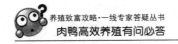

可开始选留种蛋，进行孵化。

樱桃谷种母鸭一个产蛋期一般按 300 天计算，除去初产蛋（蛋重小于 80 克）、双黄蛋、螺纹蛋、沙皮蛋、软壳蛋，可产 200 枚左右的合格蛋。

初产蛋蛋重一般在 80 克以上为合格，随着种母鸭日龄的增长，蛋重也不断增加，到产蛋后期蛋重一般在 110 克以内为合格。

15. 樱桃谷肉鸭的饲料转化率是多少？最佳饲料转化率为多少？

在饲喂同一品牌饲料的情况下，樱桃谷肉鸭的饲料转化率（料肉比）与季节的变化、饲养管理条件的好坏、鸭苗的质量、是否发生疾病等因素有关。一般情况下肉大鸭的料肉比为（2.0～2.1）∶1；肉小鸭的料肉比为（1.75～1.9）∶1。

根据近年来养殖户反馈的信息，樱桃谷肉鸭的最佳饲料转化率为：肉大鸭为 1.9∶1，肉小鸭为 1.7∶1。

五、饲养管理技术

16. 发酵床养殖应该注意哪些要点？

（1）鸭舍设计 从当前生产的实际来看，发酵床养殖肉鸭主要有两种方式，一种是将肉鸭直接放在发酵床上养殖，一种是在发酵床上方一定的高度设置平网，将肉鸭放在网上饲养。以上两种情况，在鸭舍建设时都应该遵循以下规律。

鸭舍应设计为东西走向，坐北朝南，地势宜高不宜低，便于夏天通风换气，防止舍内温度升高过快。地面应当以沙土地为宜，除通道外，不需要用水泥硬化地面。长度视需要而定，但单栋鸭舍长度以60～80 米为宜，宽度为 10 米左右，檐高 2～2.5 米，脊高 3～3.5米，过低不利于通风换气，过高不利于保温。屋顶设置隔热层，5 米左右设置通风换气口，两侧配套湿帘和风机。

（2）垫料的选择 可选用锯末、稻壳、花生壳、秸秆（粉碎）和玉米芯（粉碎）等。

（3）铺设垫料与播撒菌种

①稀释菌种：将菌种按照商品说明书比例与麸皮或玉米面或米糠不加水均匀稀释。

②铺设垫料：总厚度 40 厘米左右，将垫料分 4 层铺设，每层10 厘米左右，每铺一层垫料，上面均匀撒一层稀释的菌种（适当喷洒红糖水，每平方米垫料 70 千克），最上层多撒菌种，也可将垫料与稀释的菌种全部搅拌均匀，适当喷水，保持垫料的湿度适宜（抓在手中不散为宜），然后一次性铺设，最后在最上层补撒一次菌种。

17. 发酵床日常使用和维护中应该注意哪些问题?

(1) 做好通风工作　最好配套湿帘和风机进行机械通风,及时将新鲜空气导入鸭舍,带走发酵产生的废气和水蒸气,补充肉鸭呼吸和垫料发酵消耗的氧气。夏天气温较高,通风换气力度要加大。

(2) 经常翻动垫料　商品鸭养殖第10、15、20天各翻动一次,之后每两天翻动一次,整个饲养周期累计翻动10次左右,翻动深度以20厘米以上为宜,翻动太浅没有效果。肉鸭出栏后,应该深翻后堆积发酵一次。

(3) 保持适宜的湿度　保持垫料湿度在45%～55%为宜,切忌舍内出现漏水现象,防止垫料被水浸泡。

(4) 及时补充垫料及菌种　发酵床低于标准厚度40厘米时,要第一时间补充。如果空栏时间超过1个月,要根据损耗情况补充菌种。

(5) 经常查看发酵床温度　一般20天之后垫料温度基本维持在30℃左右,比较恒定,即使环境温度低于0℃,其温度也会维持在22℃左右。当测定垫料20厘米深处的温度过高或者过低时,要及时处理。

(6) 控制好载禽量　第1周每平方米20～30只,第2周15～20只,第3周8～15只,第4周至出栏,大鸭6～8只、小鸭8～10只。

18. 肉鸭养殖中常用的垫料有哪些? 厚度是多少? 多久更换一次?

肉鸭养殖过程中,为了给肉鸭提供一个温暖舒适的生活环境,促进肉鸭生长发育,在肉鸭养殖大棚中常常铺设垫料,垫料要求干燥、清洁,严禁霉变。常用的垫料有稻壳、干麦秸、麦糠、花生壳、干沙土、木屑和锯末等。

一般根据肉鸭的大小、季节变化、经济实用程度选择垫料。比如雏鸭阶段一般选择稻壳、干麦秸、麦糠等;干沙土只在肉鸭生长发育后期使用，以保证棚舍内的干燥。而花生壳则用于秋末、冬季、春季，夏季容易发生霉变，滋生霉菌，引起肉鸭发病，影响生长发育。目前，肉鸭规模饲养，垫料一般使用麦糠、干麦秸和稻壳。

鸭棚内铺设垫料的厚度一般由肉鸭的饲养阶段、季节变化以及垫料的干湿程度来决定，冬季天气寒冷，不能敞开饲养大棚，棚中湿度大，随着肉鸭的生长发育要不断添加垫料，厚度以 2～10 厘米为宜；春末夏初，温度适宜，气候干燥，可敞开饲养大棚通风换气，鸭棚中干燥，可基本不用铺设垫料。

在肉鸭的养殖过程中，由于密度变化大，更换垫料容易引起应激反应，可诱发鸭病毒性肝炎、浆膜炎、大肠杆菌等疾病，因此垫料的更换要在肉鸭出栏后进行，彻底铲除垫料和粪便，大棚内通风晾干消毒，下茬新上雏鸭时重新铺设干燥、清洁的垫料。

19. 当前肉鸭饲养管理方面存在的主要问题有哪些？

（1）未采用先进的饲养技术 现在肉鸭绝大多数采用平面地面养殖，即直接在鸭舍地面上铺厚垫料，如刨花、干草、干砂等。在其上养殖，定期清理更换垫料，在清洁卫生上工作量很大，对雏鸭造成的应激反应也很大，而且不容易控制疾病，疾病可以通过粪便污染进行传播。由此看来，最好采用室内全网上饲养肉鸭和笼养肉鸭。

室内全网上饲养肉鸭具有占地少、成活率高、生长快、饲料转化率高、鸭肉品质好、管理方便等优点。全网饲养肉鸭为其创造一个自由采食、自由饮水、连续排污的良好的卫生环境。笼养肉鸭的优点有：①饲养周期短，不放牧，不下水，减少活动和热能消耗。②种苗利用率高，可长年饲养。③有利于防疫卫生，不用垫料，鸭舍便于消毒清洗，疾病传播机会少。④扩大饲养面积，提高劳动生产率。

（2）不合理用药 随着药品种类的增多，养殖户多数存在盲目用药，盲目加大药量的现象，这些现象导致禽体耐药菌株增多，药物残留也相对增加。有的养殖户不按照疗程用药，换药太勤，比如三天内换药几次，这样既浪费了金钱又增加了治疗的难度。养殖户要树立"七分管理，三分用药"的观念。

(3) 没有为鸭创造理想的环境和条件 雏鸭对室温、湿度的要求很高，若高温低湿会因环境干燥，使雏鸭脱水，羽毛发干，一般一日龄舍温在 $29\sim31℃$，到第 3 周即 21 日龄舍温达到 $8\sim12℃$。此过程中，需逐步降温，即 $1\sim21$ 天每天降温 $0.5℃$，直至达到舍温。若群体大，密度高，活动不开，会影响雏鸭的生长和健康，因此要有适宜的饲养密度。同时，湿度也不能过高，高温高湿易诱发球虫病等多种疾病。

(4) 免疫程序不合理 有些养殖户对疫苗预防的重要性认识不足，认为感染不上大的传染病就没有必要花费时间和金钱来预防接种，这种错误的思想往往会带来严重的后果。有些必须接种的疫苗有的养殖户也没有进行免疫，或免疫时随意加大、减小疫苗的剂量，造成了疫苗的浪费和疫苗效价低等，使疫苗的保护率大大降低，达不到应有的抗体水平。错误的免疫方法经常给养殖户带来本来可以完全避免的后果。这就说明在饲养管理过程中，不合理的预防接种，往往会使结果适得其反。因此，广大养殖户应该努力学习、掌握好合理运用疫苗防疫接种的程序和方法，使肉鸭养殖业更好、更快、更健康地向前发展。

20. 肉鸭的饲养分为哪几个阶段？

(1) 育雏阶段 一般 $0\sim3$ 周龄为育雏阶段，这是养鸭十分重要的阶段，育雏好坏直接影响到鸭的成活率和生长速度，与经济效益关系十分密切。因此必须认真执行各项操作规程，科学管理，给雏鸭创造理想的环境和条件，如适宜的温度、湿度、空气、光照、营养和清洁安静的环境等，尽量减少恶劣应激的影响，使雏鸭发挥最大的生长潜力，获得良好的育雏效果。

(2) 育成阶段 雏鸭在育雏室内饲养到 21 日龄，移至肥育舍，或户外圈养，育雏料换为育成料，采用自然光照育肥，早晚开灯喂料，垫料要干燥，并勤更换，地面平养密度为 $7\sim9$ 只/米^2。要做好传染病的免疫工作，填好饲养登记表，建立合理的饲养管理规程等。

(3) 育肥期阶段 肉鸭 5 周龄至上市为育肥期。此阶段肉鸭机体各种功能加强，适应性和抗病力增强，饲养管理上可以粗放一些，大鸭散热能力差而抗寒能力强，夏天要做好防暑降温工作，可以设置水盆，装设风扇通风，加挂（盖）遮阴网（棚）等。

21. 肉鸭有哪些生活习性？

（1）嬉水性强 雏鸭喜欢一边饮水，一边嬉戏，雏鸭受到水的刺激，生理上处于兴奋状态，可促进新陈代谢，促使胎粪排泄，有利于开食和生长发育。

（2）合群性好 鸭胆小，喜欢群体生活，极少单独活动，有利于大群饲养，甚至可户外圈养和放养，从而节省建筑费用。

（3）消化力强，喜杂食 鸭的嗅觉和味觉已退化，灵敏性差，对食物的味道要求不高，选择性不强，食谱广，各种饲料都喜欢食用，且消化力强，代谢快。

（4）生命力强，耐粗放管理 鸭耐寒怕热，秋、冬、初春季节，肉鸭生长增重快，而炎热夏季则生长慢，同时鸭的抗病力较强，在畜禽常见传染病自然感染发病的种类中，鸭比鸡要少 1/3。

22. 正常肉鸭与患病肉鸭眼观有何区别？

正常肉鸭腿脚有力，反应灵活，双目有神，叫声洪亮，食欲旺盛，能争食争水，翅膀紧贴在背部，羽毛较为整洁顺畅，受到外界刺激（如喂食或者声音较大）时能够迅速做出反应，跑动有力。

病态肉鸭精神沉郁，对外界刺激反应较慢，叫声嘶哑无力，翅膀下垂，常常出现站立瞌睡的现象，羽毛蓬乱无光泽，眼神暗淡，嘴部常有黏液流出，肛门多有粪便积存，粪便稀薄或者呈现红色、绿色等不正常颜色，鸭群采食量、饮水量下降。

23. 雏鸭在运输过程中需注意的问题有哪些？

雏鸭在运输过程中需要注意的问题有：

（1）在炎热季节，应注意通风；在温度较低的季节要注意保温，但温度不宜过高。

（2）运输雏鸭的笼或者筐中的鸭苗密度不宜过高，且只数不宜过多，并做到强弱分离，以减少雏鸭在运输过程中的损失。

（3）在运输路程较长时，中途要注意给雏鸭补水，绝对不能让雏鸭脱水。

24. 如何区别雏鸭的强弱？

首先，在选择雏鸭时要注意雏鸭是否符合本品种的特征，如初生体重大小、羽毛、喙（嘴）、蹼的颜色等。在雏鸭的选择上，应选择同一时间出壳的、体形大小一致、体重较大、趾蹼和绒毛有光泽、脐带收缩良好、眼大有神、行动灵活的个体，这样的雏鸭体质健壮，生命力强。凡腹大而硬（卵黄吸收不良）或血脐、脐带收缩不好、跛行、行动迟缓、瞎眼等畸形鸭，以及体重过轻的个体，成活率都很低（图5-1、图5-2）。

图 5-1 健 雏

图 5-2 弱 雏

25. 育雏前应做好哪些准备工作？

育雏是一项艰苦而又细致的工作，是决定养鸭成败的关键。因此，育雏前要做好充分准备。首先，要检修好育雏舍，准备好保温、采食、饮水等育雏工具，并连同育雏舍一起进行彻底的清洗消毒（可按每立方米空间用 15 克高锰酸钾和 30 毫升福尔马林混合熏蒸）。接着，要准备足够的饲料、药品，地面饲养的还要准备足够数量的干燥清洁的垫草，如刨花、稻糠或切短的稻草等。进雏鸭前还要调试好加温设备，做好加热试温工作，一般要提前半天将育雏舍的温度升高到 30℃左右。

26. 育雏适宜的加温方式有哪些?

雏鸭育雏适宜的加温方式有地下或地上烟道、红外线灯、沼气或燃煤炉供热，但后两者要用烟道将烟和废气排出室外。

27. 如何进行育雏阶段的温度控制?

在雏鸭到达前，应预先开启保温设施，开启时间视具体情况而定，如气温高，保温隔离设备好时，开启供热系统时间可短，甚至不必开启。预热的目的是使育雏舍及饮水温度在雏鸭到达时接近预定的要求，方便雏鸭开饮和不受冷刺激。

虽然雏鸭对温度的要求不如雏鸡那么严格，保温工作可粗放一些，但在寒冷季节下，温度仍是育雏的首要条件，它直接影响到幼雏的体温调节、运动、采食、饮水、饲料的消化吸收以及抗病能力等，在大规模的集约化育雏时更应做好保温工作。在最初几天，当天气寒冷或多变时，还须适当供给外源性热量。育雏温度的标准应根据雏鸭的日龄、品种、健康状况、具体表现及气候、昼夜等因素而定，如第一日龄温度最高，以后逐渐降低；弱雏的保育温度比健雏要高些等。若温度过高，雏鸭远离热源呆立，精神不振，张口喘气，大量饮水，食欲减退，正常代谢受影响，体质较弱，发育缓慢，容易感冒、脱水、虚脱和感染各种疾病；温度太低时，雏鸭挤在一块取暖，或靠近热源处相互挤压，有时堆叠起来，造成下面的鸭被压被闷而死伤，上面的鸭因长时间过热或过冷，容易失水和感染各种疾病。温度适宜时雏鸭采食、饮水正常，分布均匀，舒适安静，活泼好动。一般开始时保持较高的育雏温度（30℃），以后随着雏鸭的长大，羽毛和皮下脂肪

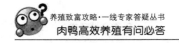

逐渐丰满,体温调节机能不断加强,温度可逐步降低,每天可降低1℃。

28. 雏鸭舍通风应注意哪些问题?

良好的通风对雏鸭群非常重要,能排除舍内污浊的空气,给雏鸭提供新鲜空气,调节舍内温度和湿度,使雏鸭感到舒适。

但是,在育雏最初几天的保温阶段,当外界温度较低时,通风会使舍内温度不好控制。但是,如果把门窗紧闭,或在育雏区域周围挂一层塑料布密封,而长时间不进行通风换气,则空气中氧气不足,二氧化碳和各种有害气体含量超过限度,以致危害雏鸭健康,使机体抵抗力和各种机能减弱,代谢受阻,导致雏鸭生长缓慢,饲料报酬低,体弱多病,特别是呼吸道疾病无法控制。因此,在保温育雏时,必须注意通风方法,例如,设一个预热通道使风经过,或将新鲜的空气适当预热后送进舍内等,也可采用动力通风或缩短通风时间等方法。最简单的办法是,在中午天气较暖和的时候打开部分高处的窗户,利用舍内外温度差进行适当通风。必须注意,不可使舍内温度有明显变化,不能让贼风直接吹到鸭身上。育雏头两天完全可以不通风,空气很适宜。

目前绝大多数开放式鸭舍是以调节舍内的温度和湿度为主要标准来进行通风换气的,靠开闭门窗的多少和开闭时间的长短来控制通风。窗户应设在高处,即使风吹不到鸭身,又利于排除较热较轻的废气;也有的安装一定的通风设备,采用动力通风,这样可同时控制好温度和通风。不管怎样,必须提供一个无贼风的通风环境,预防从水沟、缝隙中来的冷贼风,因为贼风和温度波动容易引起雏鸭感冒和生长不良。

29. 雏鸭第一次饮水和饲喂应注意的问题有哪些?

雏鸭第一次饮水水质必须新鲜、清洁,水温接近室温,而且饮水器数量要足够,分布要均匀,且高度要适中,这些都需随雏鸭日龄的增加而加以调整。高度应同鸭背持平,若水位过低,鸭在饮水时会反吐饲料，而且用水来洗身、理毛。饮水器数量不够或摆放位置不均匀时，弱雏和部分雏鸭难以饮到水，对生长不利。对不会饮水、呆立的雏鸭，应采取多次"点水"或人工灌服的训练方法，让其学会饮水。水质要求酸碱适度，细菌含量符合要求，含盐量低。

等全部雏鸭都饮到水后，马上将饲料放入育雏区域内，让雏鸭采食。合理的开食可满足雏鸭生长发育的需要。要保证供应完善的营养，尤其是蛋白质、维生素和无机盐等。开食时间主要取决于雏鸭胃肠的发育情况，若开食过早，雏鸭胃肠较软弱，不利于消化器官的健康发育；开食过晚，会大量消耗雏鸭体力，影响其生长发育和成活率。在雏鸭出壳后24~28小时内应让其开食，最迟也不能超过36小时。为便于雏鸭学会采食，最初几天可采用浅平的饲料盆，饲料放于其中，或直接将饲料撒在干净的编织袋或深颜色塑料布上，也有将饲料拌湿喂几天的，待雏鸭都会采食后，才逐渐换用5升装饲料桶饲喂。

30. 育雏阶段的饲养方式有哪些？

（1）地面平养 水泥或砖铺地面撒上垫料即可。若出现潮湿、板结，则局部更换厚垫料。一般随鸭群的进出全部更换垫料，可节省清圈的劳动量。这种方式因鸭粪发酵，寒冷季节有利于舍内增温。采用这种方式舍内必须通风良好，缺点是需要大量垫料，舍内尘埃多，细菌也多等。

（2）网上平养 在地面以上60厘米左右铺设金属网或竹条、木栅条。这种饲养方式粪便可由空隙中漏下去，省去日常清圈的工序，防止或减少由粪便传播疾病的机会，而且饲养密度比较大。

网材采用铁丝编织网时，网眼孔径：0~3周龄为10毫米×10毫米，网面下可采用机械清粪设备，也可人工清理。采用竹条或栅条时，竹条或栅条宽2.5厘米，间距1.5厘米。这种方式要保证网面平整，网眼整齐，无刺及锐边。食槽和水槽设在网内两侧或网外走道上。应用这种结构必须注意饮水结构不能漏水，以免鸭粪发酵。

（3）笼养 笼养鸭不用垫料，既免去垫草开支，又使舍内灰尘少。同时笼养雏鸭完全处于人工控制下，受外界应激小，可有效防止一些传染病与寄生虫病。加之又是小群饲养，环境特殊，通风充分，饲粮营养完善，采食均匀。因此，笼养鸭生长发育迅速、整齐，比一般放牧和平养生长快，成活率高。

31. 怎样提供育雏阶段适宜的环境？

（1）温度 我国北方常用火炕或烟道供热，1日龄时的室内温度保持在29～31℃即可。2～3周龄末降至室温。育雏温度应随日龄增长，由高到低而逐渐降低。至3周龄，即20天左右时，应把育雏温度降到与室温相一致的水平。一般室温为18～21℃最好。须注意的是，降温每周应分为几次，使雏鸭逐渐适应。

（2）湿度 雏鸭体内含水量大，约75％。育雏第1周应该保持稍高的湿度，一般相对湿度为65％，以后随日龄增加，要注意保持鸭舍的干燥。要避免漏水，防止粪便、垫料潮湿。第2周湿度控制在60％，第3周以后为55％。

（3）密度 密度要适当。育雏密度依品种、饲养管理方式、季节的不同而异。一般最大收容量为每平方米25千克活重。

（4）光照 出壳后的头3天内采用23～24小时光照，以便于雏鸭熟悉环境、寻食和饮水，关灯1小时保持黑暗，目的在于使鸭能够适应突然停电的环境变化，防止一旦停电造成的集堆死亡，通常光照强度在10勒克斯。

（5）通风 雏鸭的饲养密度大，排泄物多，育雏室容易潮湿，积聚氨气和硫化氢等有害气体。因此，保温的同时要注意通风，以排除潮气等，其中以排出湿气最为重要。舍内湿度保持在55％～65％为宜。

32. 怎样防止雏鸭进入盛水盘中？

选择大小适中的石头（放入后盛水盘的缝隙刚好能让小鸭喝到水

但是身体不能进入饮水槽），消毒后清洗干净，曝晒 2～3 小时后放入盛水盘中，能够有效阻止雏鸭进入盛水盘。

33. 雏鸭有哪些生理特点？

（1）**生长发育快**　鸭的日龄越小，生长发育越快。雏鸭阶段是鸭一生中相对生长最快的时期，所需的营养水平高。

（2）**有卵黄囊**　刚孵出的雏鸭腹部有 1 个卵黄囊，重量约为 10 克，其作用是供给雏鸭 3 日龄内的主要营养物质。健壮雏卵黄囊吸收快，生长发育快，而早开饮开食和适当供温，可促进卵黄囊吸收，弱雏卵黄囊吸收慢，生长发育迟缓，长大后多为残次鸭。

（3）**调节自身温度的机能不完善**　雏鸭体温比成年鸭低 2～3℃，对外界温度变化的适应能力差，自身调节机能不完善，同时绒毛薄而疏松，皮下脂肪层尚未形成，保温性能差。

（4）**胃的容积小，采食量小**　雏鸭生长发育快，所需要营养物质较多，消化代谢旺盛，但是雏鸭的胃容积又很小，而且没有明显的嗉囊，故而采食量很少，所以雏鸭日粮宜精不宜粗，而且饲喂次数要多，做到少喂勤添。

34. 不同日龄雏鸭的采食量如何？

最初第一天投料量以每天每只鸭 30 克计算饲喂量。第一周平均每天每只鸭 35 克，第 2 周 105 克，第 3 周 165 克，在 21 日龄和 22 日龄时喂料内加入 25％和 50％的生长育肥期饲粮。

35. 怎样搞好育雏阶段的清洁卫生？

雏鸭抵抗力差，要创造一个干净卫生的生活环境。随着雏鸭日龄的增大，排泄物不断增多，鸭舍或鸭篮的垫料极易潮湿。因此，垫料要经常翻晒、更换，保持生活环境干燥，所使用的食槽、饮水器每天

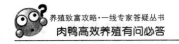

要清洗、消毒，鸭舍要定期消毒。

36. 中雏的饲养管理要点有哪些？

(1) 温度、湿度和光照 室温以 15～18℃ 最宜，冬季应加温，使室温达到最适温度（10℃以上）。湿度控制在 50%～55%。应保持地面垫料或粪便干燥。光照强度以能看见吃食为准，每平方米用 5 瓦白炽灯。白天利用自然光，早晚加料时才开灯。

(2) 饲养密度 地面垫料饲养，每平方米地面养鸭数为：4 周龄 7～8 只，5 周龄 6～7 只，6 周龄 5～6 只，7～8 周龄 4～5 只。具体视鸭群个体大小及季节而定。冬季密度可适当增加，夏季可减少。气温太高，可让鸭群在室外过夜。

(3) 饲喂次数 白天 3 次，晚上 1 次。以刚好吃完为宜。为防止饲料浪费，可将饲槽宽度控制在 10 厘米左右。每只鸭饲槽占有长度在 10 厘米以上。

(4) 饮水 自由饮水，不可缺水，应备有蓄水池。每只鸭水槽占有长度 1.25 厘米以上。

(5) 垫料 地面垫料要充足，随时撒上新垫料，且经常翻晒，保持干燥。垫料厚度不够或板结，易造成胸囊肿，影响屠体品质。

37. 给肉鸭饮水应注意什么问题？

（1）为了使肉鸭健壮生长，首先要做到水料分离，以增加鸭子的活动量。

（2）为了确保每只肉鸭都能喝到充足的水，避免拥挤抢水现象的发生，鸭棚内的水槽应保证一定的长度，一般每 500 只鸭子要有 4 米长的水槽。

（3）要定期对水槽进行洗刷，消毒，以保证肉鸭饮水的清洁卫生。

（4）由于肉鸭是水禽，有玩水的习性，为了减少水的浪费，水槽内的水要保持一定的深度，一般以鸭嘴长度的一半来确定。

（5）水槽的高度不应过高，要让肉鸭能够较舒适地喝到水为标准，一般在 10 厘米左右为宜。

38. 肉鸭在饲料配制方面存在的主要问题有哪些？

制订饲料配方是营养学与饲养学知识的综合运用，须遵循以下基本原则：

（1）以饲养标准为基础，根据鸭的品种、生长阶段、生产水平，确定配方的营养浓度，其中首要的是能量水平，这是决定其他养分含量的基础。

（2）选用营养丰富、价格低廉、来源容易、原料新鲜的饲料。

（3）符合鸭的消化生理，保证每天的采食量与所需食入的养分相适应。

（4）饲料的种类尽可能多一些，以发挥氨基酸互补作用和提高适口性。

39. 购买饲料时应注意哪些问题？

作为重要的农资产品，饲料产品质量涉及养殖户的切身利益。每年农业部和国家质量监督检验检疫总局都要安排饲料产品质量监督抽查和安全检查，请注意不要购买不合格厂家的产品。

（1）农民养殖户应使用知名的大企业产品　这些企业有信誉、售后服务好、产品质量稳定，有完善的管理制度。

（2）看饲料封口处有无"骑缝"标签　在产品没有使用完以前，保留饲料标签。

（3）不要受低价位和赊欠承诺的诱惑　不要随意地、经常地更换饲料品牌。当养殖户认为一定要更换品牌或产品时，要小批量试喂做比对饲养试验，然后再决定是否更换。

（4）看饲料是否新鲜　主要看出厂日期和保质期。

（5）保存好饲料　保存在阴凉处，如果在比较潮湿的养殖场地存放饲料，要在地面上架高饲料。

40. 怎样节约饲料？

（1）选择优良肉鸭品种 品种优良的肉鸭，其生产性能的遗传潜力较高，生长速度快，抗病力强，对饲料的利用率高，同样的日龄，消耗同样多的饲料，其增重比其他品种的肉鸭大得多。

（2）控制好温度 肉鸭的适宜生长温度一般在 12～24℃。在此温度范围内可有效地利用饲料。因此要尽量地创造条件，如冬季搭棚圈养，夏季搭棚遮阴等措施，以保温和降温来提高饲料报酬。

（3）饲喂营养全面均衡的饲料 肉鸭饲料中的蛋白质和能量比例要平衡，饲料中能值要适当，能值过高时，饲料消耗增加，造成某些营养成分的浪费。

（4）饲料要新鲜 一是原料要新鲜，二是饲料配好后要存放在通风、干燥的地方，与地面之间置放一层防潮材料。配合料要尽快用完，勤配勤喂，防止板结、霉变。霉变饲料容易引起肉鸭中毒、腹泻等，从而降低饲料的利用率。

（5）及时出栏 肉鸭一般在 40～48 天出栏较合适，因为这时肉鸭增重、饲料报酬已达高峰，在 50 日龄后肉鸭增重下降，饲料报酬降低。

（6）合理使用添加剂 矿物质、维生素、氨基酸等营养性添加剂是必需的，其他的非营养性添加剂对提高肉鸭的生长速度及饲料利用率也有帮助。如杆菌肽锌等抑菌促生长剂对提高肉鸭增重和饲料利用率有明显效果。

41. 怎样妥善保存饲料？

存放饲料应有专用仓库，每次入料之前彻底清扫，入料之后熏蒸消毒。当日饲喂的饲料当日运，鸭舍内不要有过夜的饲料，鸭群喂后抛撒的饲料要及时打扫干净，防止饲料被老鼠粪便污染。饲料储存期不得超过 15 天。在饲料的贮藏上，玉米一般采用籽实贮藏，需配料时再粉碎。饼粕容易感染昆虫、病菌，保管时应特别注意防虫、防潮和防霉。麸皮吸潮性强，容易酸败、生虫和霉变，特别是夏季高温季节更容易霉变，在贮藏期应勤检查，防止结露、吸潮和生霉，一般贮藏期不宜超过3个月。贮藏米糠时应避免踩压，注意通风降温，不宜长期贮藏，要及时推陈出新。全价颗粒饲料含水少，较容易贮藏。全价粉状配合料容易吸潮发霉，一般不宜久放，贮藏时间最好不要超过2周。浓缩饲料、添加剂预混料应存放在低温、遮光、干燥的地方，贮藏期也不宜过久。

42. 怎样提高饲料的消化利用率？

提高消化利用率的方法总的来说有两个措施：

（1）内因

①肉鸭品种：好的品种能够提高饲料的利用效率，降低饲料使用量。

②适时出栏：肉鸭从出生到出栏，消化器官和机能发育的完善程度不同，消化力强弱不同，肉鸭成年后，采食量仍然很大，但是体重增长很慢，饲料消化利用率很低，因而选择适当的出栏时间很重要。

（2）外因

①抗营养因子作用：饲料中抗营养因子能够显著降低饲料的消化利用率，甚至对肉鸭机体造成伤害，所以尽量减少抗营养因子含量。

②饲料的加工调制：应根据不同日龄肉鸭饲喂不同颗粒形状、硬度的饲料，并考虑适口性。

③环境因素：提供给肉鸭合适的温度、湿度、饮水等生存条件，使鸭只处在最适状态，减少不利于生长发育的因素，能够显著提高饲料的消化利用率。

④饲喂方式：采取自由采食的方式，或少喂勤添，并适当添加青绿饲料等适口性较强的饲料。

43. 育雏舍湿度应该保持多少？怎样判断？

雏鸭体内含水量大，约75%。若舍内高温、低湿，会造成干燥的环境，很容易使雏鸭脱水，羽毛发干。若群体大、密度高，活动不开，会影响雏鸭的生长和健康，加上供水不足甚至会导致雏鸭脱水而死亡。湿度也不能过高，高温高湿易诱发多种疾病，这是养禽业最忌讳的环境，也是雏鸭球虫病暴发的最佳条件。地面垫料平养时特别要防止高温。因此育雏第 1 周应该保持稍高的湿度，一般相对湿度为65％，以后随日龄增加，要注意保持鸭舍的干燥。要避免漏水，防止粪便、垫料潮湿。第 2 周湿度控制在 60％，第 3 周以后为 55％。

44. 出壳后的雏鸭要先饮水吗？

雏鸭出壳后 24 小时内必须喝到水，要尽量早饮水、早开食，而且是先饮水，后开食，以防出现虚脱和脱水现象。

雏鸭运到后，应马上搬入育雏舍，让其稍安静片刻，然后放入保温区域内，设法让其尽快学会饮水。一般做法是，将雏鸭放入 1 厘米深的浅水盆中几分钟，让雏鸭湿脚和饮水，即通常所说的"点水"。"点水"有利于雏鸭排除胎粪，增强食欲，刺激尾脂腺的分泌等。

45. 雏鸭开食的最佳时间是何时？

出壳后 24～28 小时内应让其开食，最迟不能超过 36 小时。开食料一般用雏鸭料，或者将碎玉米、碎黑豆、碎糙米等煮成半熟后放到清水中浸一下，捞起后饲喂。饲料应均匀撒在油布或塑料布上，边撒边吆喝，调教采食。饮水槽放在食盆旁边，便于边吃食边饮水。"开食"过早，一些体弱的雏鸭，活动能力差，本身无吃食要求，往往被吃食好的雏鸭挤压、受伤，影响今后"开食"；而"开食"过迟，因不能及时补充雏鸭所需的营养，致使雏鸭因养分消耗过多、疲劳过度，降低雏鸭的消化吸收能力，造成雏鸭难养，成活率降低。

46. 怎样给雏鸭饮水？

由于雏鸭个体较小，体质较弱，一般雏鸭在出壳后 24 小时开始饮水，饮水的方法有：

（1）往雏鸭身上喷少量的温水，让雏鸭互相啄食身上的水珠。

（2）直接将雏鸭放在3厘米深的水盘中，使之边活动边喝水。这样雏鸭受到水的刺激，会变得活泼起来，而且饮水也有利于体内废物的排出和残余卵黄的吸收。

（3）在棚内铺一层塑料薄膜，将水均匀地洒在上面供雏鸭饮用。日龄稍大些的雏鸭可用饮水器饮水。

无论采用哪种饮水方式，雏鸭的饮水中都应加入一定量的葡萄糖和电解多维，以恢复雏鸭体力，促进卵黄吸收。

47. 饲喂雏鸭有哪些方法？

（1）平地育雏 即直接在鸭舍地面上铺厚垫料，如刨花、粗木屑、干草、干砂等，在其上育雏，定期清理更换垫料，使之保持清洁干燥。此法简单易行，成本不高，但清洁卫生工作量大，对雏鸭应激大，且不易控制疾病，特别是通过粪便污染传播的疾病，育雏效果一般。

（2）平面网上育雏 即在离地面50～60厘米处用铁丝网、塑料网或竹木条板等铺设成平面，再往网上铺麻袋、编织袋等垫料，雏鸭育于其上。这种方法一次性投资大，成本高，但易于清洁管理，雏鸭受应激和疾病影响小，育雏效果好。

（3）半地半网育雏 上述两种方式结合的为半地半网育雏。即鸭舍1/3地面铺设离地网面，另外地面不铺网，只铺垫料。饮水全部放置在网上，这样舍内地面保持干燥。注意斜面坡度须小于25°。此法成本适中，且利于清洁工作，效果较理想，所以比较常用。

（4）层叠式或笼式育雏 将鸭舍分隔为若干层或若干层叠放的笼，雏鸭育于其中。此法投资大，清洁管理工作繁杂又不方便，不过空间利用率高，保温性能好。

（5）纸箱育雏 利用大一点的硬纸箱，将雏鸭养于其中。此法在暖和天气时不用热源供温，可自温育雏，大大降低保温费用，且简单易行，投资小。但须注意保持干燥、卫生通风，常在纸箱壁凿孔以通气，需适时分群转移，随着雏鸭逐渐长大，逐步将部分鸭移出至其他

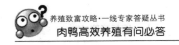
纸箱或育雏舍，使其饲养密度适中并逐渐脱温。因此法受天气影响较大，工作繁杂，育雏数量有限，所以集约化饲养时较少采用。

48. 在夏季怎样给肉鸭防暑降温？

肉鸭饲养至 3 周龄后，羽毛较为厚密，皮下脂肪也日益丰满，而皮肤没有汗腺，因此散热能力差而抗寒能力强。在炎热的天气下，应多设置水盆，让鸭多溅水洗身；装设风扇，用动力加强通风散热；直接向鸭身喷水和在舍顶、舍外多设遮阴棚等。这些措施会有效地防止鸭中暑，其中风扇通风结合水雾喷洒的方法效果最好。而水面对鸭也有很大帮助，鸭并非一定要游水才健康，但游水对鸭的防暑散热作用很大。

49. 肉鸭的最佳上市时间及上市前注意的问题有哪些？

一般来说，肉鸭的最佳上市时间应在 38 天左右，因为此时肉鸭的肉料比还在 1∶2 左右，有较高的经济效益，并且从肉鸭的生长时期看，该时期肉鸭的羽毛最易脱落。因此，在屠宰过程中省时省力。此时体重达到 2.5 千克以上，利于分割成鸭产品。

在肉鸭上市前应注意的问题有：

（1）在肉鸭养殖后期应禁用一切药物，以减少鸭产品中的药物残留。

（2）在条件允许的范围内减少应激反应的发生，避免因应激而引起疾病。

（3）由于肉鸭的生长发育较快，在上市前应注意给肉鸭足够的活动空间，不可饲养密度过大。

（4）肉鸭出售前 2～4 小时，应停喂饲料。

50. 肉鸭饲料品种有哪些？

现阶段肉鸭养殖过程中所使用的饲料均为全价配合饲料。按照肉鸭的日龄大小，该饲料又分为：肉小鸭配合饲料（适用于0～21日龄）、肉中鸭配合饲料（22日龄至出栏前7天）、肉大鸭配合饲料（出栏前7天）（表5-1）。

表 5-1　肉鸭配合饲料成分

成　分	含　量	成　分	含　量
肉小鸭配合饲料成分			
粗蛋白质（%）≥	19.0	总磷（%）≥	0.50
粗纤维（%）≤	6.0	食盐（%）	0.30～0.80
粗灰分（%）≤	8.0	赖氨酸（%）≥	0.90
钙（%）	0.60～1.30	水分（%）≤	14.0
肉中鸭配合饲料成分			
粗蛋白质（%）≥	17.0	总磷（%）≥	0.45
粗纤维（%）≤	6.0	食盐（%）	0.30～0.80
粗灰分（%）≤	9.0	赖氨酸（%）≥	0.75
钙（%）	0.60～1.30	水分（%）≤	14.0
肉大鸭配合饲料成分			
粗蛋白质（%）≥	15.0	总磷（%）≥	0.40
粗纤维（%）≤	6.0	食盐（%）	0.30～0.80
粗灰分（%）≤	8.0	赖氨酸（%）≥	0.60
钙（%）	0.70～1.20	水分（%）≤	14.0

51. 雏鸭一天饲喂几次比较好？

1周龄的雏鸭应让其自由采食，经常保持料盘内有饲料，随吃随添加。一次投料不宜过多，否则堆积在料槽内，不仅造成饲料的浪费，而且饲料容易被污染。1周龄以后还是让雏鸭自由采食，不同的是为了减少人力投入，可采用定时喂料，2周龄时每昼夜饲喂6次，1次安排在晚上。3周龄时每昼夜饲喂4次。每次投料若发现上次喂料到下次喂料时还有剩余，则应酌量减少，反之则应增加一些。

52. 维生素 C 有什么生理功能？

维生素 C 有益于提高肉鸭的生产性能。维生素 C 有助于骨骼和蛋壳的形成。补充维生素 C 可促进维生素 D_3 的吸收，从而促进骨骼的发育。每千克雏鸭饲料中添加 200 毫克维生素 C，可提高增重速度和成活率，降低腿病的发生率，增强雏鸭的免疫力。添加维生素 C 可提高种鸭的繁殖率和改善种鸭的健康状况，从而提高种鸭产蛋率和蛋壳质量。与此同时，维生素 C 有助于减小应激反应造成的不良情况。

53. 建设肉鸭大棚需要准备什么建筑材料？跨度多大为宜？

建设肉鸭大棚需要准备的建筑材料有：空心砖、9 米竹竿、3 米竹竿、塑料薄膜、红瓦、草毡、水泥、水泥立柱、沙子、石子、铁丝、砖等。

饲养大棚的跨度应在 9～10 米为宜，这样的棚牢固、结实。跨度过大、过小，均浪费资源、不经济。

54. 怎样判断鸭棚中温度的高低？

鸭棚内温度过高时，可见鸭张口呼吸，喉部动作剧烈；温度过低时，鸭群在鸭舍内分处聚堆，分布极不均衡，此时弱小雏鸭容易被挤压死；温度适中时，鸭群分布均匀，错落有致，鸭只表现舒适，悠闲从容。

55. 不同阶段鸭适宜的饲养密度是多少？

饲养密度是指单位面积所饲养的鸭只数。

（1）肉用商品鸭的 0～3 周龄为育雏阶段　密度大小关系到雏鸭的生长发育和健康，直接影响育雏效果。密度小，群体小，相互干扰小，舍内环境好，育雏效果好，雏鸭生长快，但鸭舍设备利用率相对较低。密度太大时，群体内相互拥挤，极易造成大的应激反应和伤残，以及采食生长不均等问题，因而雏鸭生长缓慢，发育不整齐，易感染疾病，死亡率升高。饲养密度应根据育雏舍构造、饲养设备、通风情况、管理水平以及当时的气候等条件来决定。如笼养和网养的密度应比地面平养的大，保温和通风等条件好的密度可大些，饲料营养水平特别是维生素类水平高时密度可大些。通常雏鸭群以 400～1 000 只为宜，地面平养时，第 1 周龄每平方米 20 只左右，第 2 周龄 14 只左右，第 3 周龄以后不应多于 10 只；网面平养和地网结合饲养时密度可大些，最多可多养 1/3。但是不管群体大小和密度如何，都要适时进行雏鸭强弱分群，弱雏单独饲养，精心护理，以减少残次成鸭数量。

（2）肉用商品鸭 4～5 周龄为中鸭阶段　中鸭生长发育快，需注意其饲养密度的调整，使其适合肉中鸭的生长需要。如果密度过大，中鸭互相挤压，甚至相互啄毛，影响其正常生长发育，所以需及时扩大饲养面积，减少密度。通常舍外饲养每平方米面积为 3～4 只，舍内地养为 4～6 只，网养为 6～8 只。中鸭性情好动，爱抢食，在大群饲养时，往往强者采食多，生长快，弱者采食少，生长慢，差异逐渐增大。应及时将弱鸭挑出另养，否则其采食饮水不能满足需要，易被挤压、践踏，以致肉鸭上市时残次鸭数量增多，影响到经济效益。鸭群不可太大，以 500～1 000 只为宜，群体越小越好。

（3）肉用商品鸭 6 周龄至上市期为大鸭阶段　大鸭个体大，生长发育和增重快，因此，密度应比中鸭小些，饲养面积和圈养范围适当扩大。建议舍外饲养每平方米为 2～3 只，舍内地面饲养为 3～4 只，网养为 4～6 只。若密度过大，鸭群会发生互相啄毛现象和生长增重缓慢。大鸭肥胖，不喜动，腿部负担重，所以鸭群应适当小些，以免互相挤压致残，建议大鸭群以 400～700 只为宜，群体越小越好。

56. 不同日龄肉鸭最适宜温度是多少？

不同日龄肉鸭适宜的参考温度为：1～3 日龄 32～35℃，4～6 日

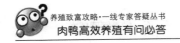

龄 30～32℃，7～10 日龄 25～30℃，11～15 日龄 20～25℃。20 日龄左右时，为 18～21℃最好；4～6 周龄 15～18℃。

57. 为什么鸭棚要通风换气？

鸭舍的通风换气非常重要，通风不良会导致多种疾病发生，并会造成舍内垫料、粪便发酵产生大量的有害气体，特别是氨气和鸭群呼出的二氧化碳等废气无法排出而不断蓄积，有害气体浓度不断上升，逐渐达到能对机体造成损害的程度。氨气能刺激并损害鸭的呼吸道黏膜，引起作为病原体第一道防线的黏膜的损伤，病原体进入体内而导致疫病发生；二氧化碳浓度过高会引起鸭群供氧不足，不但会影响到饲料转化率，而且也会导致鸭机体抵抗力下降，从而引发一系列疾病，尤其是腹水症。

58. 何谓肉大鸭和肉小鸭？

所谓肉大鸭是指饲养天数超过 42 天，饲料饲喂量超过 5.5 千克，鸭重达到 2.75 千克以上，主要用于生产屠宰企业分割鸭产品。

肉小鸭分为饲养天数 25 天，饲料饲喂量 3.5 千克左右，鸭重 1.7 千克左右和饲养天数 28 天，饲料饲喂量 4 千克左右，鸭重 1.8 千克左右两种规格。肉小鸭主要用于屠宰企业生产白条鸭。

所谓的肉大鸭和肉小鸭没有明确的固定标准，只是根据市场需求和加工方法而定。

59. 肉大鸭和肉小鸭各阶段饲料饲喂量分别是多少？

饲养肉鸭的目的是获得最高的经济效益，将各阶段饲料饲喂量合理分配，既可以满足肉鸭生长营养需要，提高饲料报酬，又能降低投入成本。

目前肉大鸭采取 6 千克料饲喂法，各阶段饲料比为 1：1.5：3.5，即饲喂肉小鸭饲料 1 千克，肉中鸭饲料 1.5 千克，肉大鸭饲料

3.5 千克，鸭重可达 3 千克以上。

肉小鸭根据市场需求，有两种饲喂方法。①3.5 千克料饲喂法：各阶段饲料比为 0.5∶1∶2，即饲喂肉小鸭饲料 0.5 千克，肉中鸭饲料 1 千克，肉大鸭饲料 2 千克，鸭重可达 2 千克左右。②4 千克料饲喂法：各阶段饲料比为 1∶1∶2，即饲喂肉小鸭饲料 1 千克，肉中鸭饲料 1 千克，肉大鸭饲料 2 千克，鸭重可达 2.25 千克以上。

60. 商品肉鸭饲养多少天出栏？

商品肉鸭的出栏以市场需求、企业加工需要为导向，实际饲养水平决定出栏时间。在鸭苗、饲养、饲料等环节正常情况下，肉小鸭 25 天出栏，鸭重 1.7 千克；28 天出栏鸭重 1.8 千克。肉大鸭 42 天以上出栏，鸭重 3 千克。

61. 一年可饲养几茬肉鸭？

饲养肉小鸭，饲养天数在 30 天以内，饲养周期短，如果出栏后及时打扫清理粪便，需要 10 天左右时间晾干饲养大棚，消毒后就可以补栏，一年可饲养 8 茬左右。

饲养肉大鸭，饲养天数在 42 天以上，根据加工企业需要，有时饲养天数会达到 45 天以上，出栏后及时打扫清理粪便，扣除晾棚时间，一年可饲养 5 茬左右。

以上仅仅是理论数据，在实际饲养过程中要根据季节情况、饲料价格、疫病情况等进行效益分析，及时补栏，切不可盲目饲养，造成不必要的损失。

62. 怎样选种蛋？

在选择种蛋时，应选择大小均匀、蛋重基本一致的种蛋在同一个孵化器中进行孵化。选择时应剔除小蛋、双黄蛋、畸形蛋、沙壳蛋、螺纹蛋、软壳蛋和破蛋。

63. 如何鉴别初生雏鸭的雌雄？

初生雏鸭的鉴别方法有以下 4 种。

(1) 按捏肛门法 用左手托住初生雏鸭，以大拇指和食指夹其颈部，用右手大拇指和食指轻轻平捏肛门下方，先向前按，随即向后退缩。如手指皮肤感觉有芝麻粒或小米粒大小的突起状物，即是公雏；反之，无突起状物的是母雏。

(2) 翻肛门法 将初生雏鸭握在左手掌中，用中指和无名指夹住雏鸭颈部，使头向外，腹朝上，呈仰卧姿势，然后用右手大拇指和食指挤出胎粪，再轻轻翻开肛门。如是公雏，则可见有长约 0.4 厘米的交尾器，而母雏则没有。

(3) 鸣管鉴别法 鸣管又称下喉，位于鸭的气管分叉的顶部。母雏鸣管上端一样，没有变化；而公雏鸣管处变宽，似球形，很容易于锁骨交叉处摸到。

(4) 外貌鉴别法 把雏鸭托在手上，凡头较大、身体圆、尾巴尖、鼻基粗硬的为公雏；头小、身扁，尾巴散开、鼻孔较大（略呈圆形）、鼻柔软的则为母雏。

64. 提高种蛋受精率的关键措施是什么？

(1) 种鸭群必须有合适的公母比例，一般在 1∶5 左右。

(2) 在控饲过程中要控制好种鸭的体形、体重。使公鸭大而不肥，母鸭的体重在开产前必须在标准体重以内。

(3) 可在饲料中添加一定量的鱼肝油、鱼粉，以增强公鸭的性欲。

(4) 及时剔除鸭群中过大、过肥的种公鸭，严格控制公母比例。

65. 公、母种鸭最佳配种比例是多少？

种鸭饲养的最终目的为：在种鸭生理状态允许的情况下，生产尽可能多的合格种蛋，以达到最大的经济效益。当公母比例过大时，由于公鸭多母鸭少，而造成公鸭之间不断争斗，从而易造成公鸭的损失。且公鸭之间的斗争往往波及母鸭，也造成了母鸭的损失。况且饲喂一只公鸭的成本亦高于母鸭，所以公母比例过大往往造成生产成本的浪费，经济效益的降低。反之，公母比例过小，母鸭多公鸭少的鸭群，往往造成种蛋受精率低下。况且由于种公鸭长期的体力透支，势必造成损失，从而使公母比例更小，受精率更低。所以合适的配种比例是种鸭养殖的关键。一般应在 1：5 左右为宜。

66. 种鸭有哪些配种方法？

种鸭的配种方法有：自然配种法和人工授精法。

现阶段种鸭养殖的配种方式大多以鸭群公母比例 1：5 左右的自然配种方式比较普遍。人工授精法虽然可以大大降低因饲养种公鸭而投入的费用，但需要多投入笼舍、器械、人工的费用。并且人工授精的方式不如自然配种法所产种蛋的受精率高，一般仅有 60%～70%。

67. 提高种鸭产蛋率的关键技术是什么？

（1）在控饲过程中要严控母鸭的标准体重及均匀度。也要控制好公鸭的体形、体重，使其大而不肥。

（2）控制好鸭群的饲养密度，饲养密度宜小不宜大。

（3）可在饲料中适量添加鱼肝油、鱼粉，以增加母鸭的产蛋率。

（4）严格控制光照时间，光照强度要恒定。

（5）制订合理的免疫程序、合理用药程序，减少或避免种鸭的损失。

68. 肉鸭饲养中禁用的饲料添加剂有哪些？

禁止将某些抗生素或非抗生素类，如硫酸铜、有机砷制剂、有机铬制剂、呋喃唑酮、氯霉素、喹乙醇、金霉素、土霉素等添加在饲料中。限制使用微量元素铜和锌。

禁止在饲料和饮水中使用的药物品种如下：

（1）肾上腺素受体激动剂　盐酸克伦特罗、沙丁胺醇、硫酸沙丁胺醇、莱克多巴胺、盐酸多巴胺、西马特罗、硫酸特布他林。

（2）性激素　己烯雌酚、雌二醇、戊酸雌二醇、苯甲酸雌二醇、氯烯雌醚、炔诺醇、醋酸氯地孕酮、炔诺醚、左炔诺孕酮、炔诺酮、绒毛膜促性腺激素、促卵泡生长激素。

（3）蛋白同化激素　碘化酪蛋白、苯丙酸诺龙及苯丙酸诺龙注射液。

（4）精神药物　氯丙嗪、盐酸异丙嗪、安定、苯巴比妥、苯巴比妥钠、巴比妥、异戊巴比妥、异戊巴比妥钠、利血平、艾司唑仑、甲丙氨酯、咪达唑仑、硝西泮、奥沙西泮、匹莫林、三唑仑、唑吡旦、其他国家管制精神药物。

（5）各种抗生素滤渣。

69. 生态垫料养殖肉鸭是怎么回事？有什么好处？

肉鸭生态垫料养殖技术是使用花生壳和稻壳按照 2：1 比例混合，加入微生物发酵剂（菌种）发酵后制作生态垫料，然后在生态垫料上养殖肉鸭的一项新技术。由于铺垫了 10 厘米左右的生态垫料，养鸭产生的粪便由于鸭的不断走动和每天一次人工辅助翻耕混入垫料中，通过微生物发酵处理被迅速分解，解决了养鸭对环境和地下水的污染问题。微生物发酵分解粪便可降低棚内 90％ 以上的氨气、臭味，有效降低呼吸系统疾病的发生；微生物分解鸭粪时产热，可以保证鸭苗卵黄囊良性吸收，提高鸭苗成活率；微生物的发酵作用可有效抑制有害菌滋生、繁殖，大大降低了鸭的发病率，减少了药费支出，提高了肉鸭的品质。此外，经验证明，微生物繁殖产生的菌丝和菌体蛋白被鸭啄食后可以调节机体微生态平衡，促进消化吸收，有效提高饲料转化率。该技术具有投资少、易操作、饲料报酬高、发病率低、环保无污染等优点。

70. 生态垫料养殖肉鸭技术应该怎么操作？

将花生壳和稻壳按照 2∶1 比例混合，加入微生物发酵剂，在适宜的湿度下堆成 1.5 米左右高的"人"字形大堆，四周围上薄膜自然发酵，发热至 80℃后自然降温（需 3～4 天），然后均匀铺开，厚度 10 厘米左右，撒上少许稻壳等混合物 24 小时后即可上苗饲养。

肉鸭出栏后，按照上法再发酵一次即可重复利用，每批垫料可重复利用 5 次以上。日常管理中在垫料沾湿后每天翻一遍即可（图 5-3）。

图 5-3 垫料堆积发酵

六、疾病控制

71. 防治鸭病时怎样避免乱用、滥用药物？

（1）当发现鸭群发病时，应及时到兽医部门请专业人员帮助诊断并指导用药，对细菌性疾病，最好通过药敏试验，选择使用最敏感的抗菌药。

（2）严格按照专业人员的处方用量或按照说明书规定的用量给药，不能随意加大或减少用量。

（3）选择信誉好、质量有保证的兽药厂家的产品。

（4）不能做药敏试验时选择不同类的药物交替使用，如抗球虫药可选择2～3个不同类的药物交替或穿插使用。

（5）使用抗菌药物治疗时一定要用足疗程，并按规定停药。

（6）当选择两种以上药物同时使用时，一定要弄清楚药物的理化性质，有无配伍禁忌。

（7）如使用饲料厂生产的成品饲料，一定要弄清楚饲料中是否添加有药物、什么药物及含量，在用药时参考，防止造成不必要的累加造成药物中毒或其他配伍禁忌。

72. 鸭群发生传染病的基本环节是什么？

传染病在鸭场内发生、传播和终止的过程叫做传染病的流行过程。这个过程的发生，是由传染来源、传播途径、易感鸭群等三个基本环节造成的。熟知这三个基本环节，对防制鸭群传染病的发生、流行和迅速扑灭疫情、减少损失、制订防制措施，有着非常重大的实际意义。

（1）传染来源　传染来源是指某种传染病的病原体在其中寄居、生长、繁殖，并能持续排出体外的动物机体。具体指的是患传染病的病鸭、隐性传染以及带菌（毒）鸭。正确地认识传染来源，能使我们掌握传染病发生和传播的规律，合理地拟订预防和消灭传染病措施。

①病鸭：病鸭是主要的传染来源。不同阶段的病鸭，作为其传染源的意义也不相同。潜伏期病鸭一般不排出病原体；恢复期病鸭，具有传染源的作用，但随病的种类不同而有差异；前驱期和明显期病鸭，可排出大量毒力强大的病原体，因此传染源的作用也最大。

病鸭能排出病原体的整个时期称为传染期。不同传染病的传染期长短不同。各种传染病的隔离期，就是根据传染期的长短来制订的。为了控制传染源，对病鸭原则上应隔离至传染期终了。

②带菌（毒）者：又称病原携带者，是指临床上没有任何症状，但携带并排出病原微生物的动物，因而是更危险的传染源。检疫不严时，常随动物运输等方式而散播到其他地区，构成新的传染。带菌（毒）者是个统称，如已明确所带病原体的性质，可以相应地称为带菌者、带毒者或带虫者等。带菌（毒）者一般可分为以下 3 种类型：

A. 潜伏期带菌（毒）者。一般不具备排菌（毒）条件。

B. 恢复期带菌（毒）者。多数传染病减少或停止排菌（毒），但少数传染病在病鸭临床症状消失后，体内仍有残存病原微生物排出并经常携带。

C. 健康动物带菌（毒）者。是指没有患过传染病却能排出该种病原体的动物。由条件性病原微生物引起的传染病，经常可见到这种带菌（毒）现象。

带菌（毒）者存在着间歇排出病原体的现象，因此对带菌（毒）者的病原学检查，需反复多次检查均为阴性，才能排除带菌（毒）状态。了解带菌（毒）状态，不仅有助于对流行过程特征的认识，而且对控制传染源、防止传染病的流行也具有重要意义。

③传染来源排出病原体的途径：一般病原体随分泌物、排泄物排出体外。排出病原体的途径和传染病的性质及病原体存在的部位有密切关系。

（2）传播途径　病原体由传染源排出，再侵入其他易感动物所经的途径称为传播途径。研究传播途径的目的在于切断病原体继续传播的途径，防止易感动物再受传染。在传播过程中，病原体一般经消化道、呼吸道、皮肤黏膜、创伤或泌尿生殖道等侵入易感动物机体。

病原体以一定途径传入易感动物采取的方式叫传播方式。传染病流行时，其传播途径十分复杂，但就目前所知，病原体在更换其宿主时主要有两类方式。经卵巢、输卵管感染或通过蛋黄等传播到下一代动物的称为垂直传播，如鸭副伤寒等。但大多数传播方式是同一世代的动物之间经消化道、呼吸道或皮肤黏膜创伤等的横向传播，称为水平传播。水平传播又分为两种基本方式，即直接接触传染和间接接触传染。

①直接接触传染：是指在没有任何外界因素的参与下，病原体通过传染源与易感动物直接接触而引起的传染，如鸭毛滴虫病。

②间接接触传染：必须是在外界环境因素的参与下，病原体通过传播媒介使易感动物发生传染的传播方式称间接接触传染。大多数传染病都是通过这种方式传播的。间接接触传染一般通过以下几种途径传播。

A. 经污染的饲料、饮水和物体传播。这是最常见的一种方式。病鸭的分泌物、排泄物、病鸭尸体和脏器及污水等，污染了饲料、水源、管理用具、鸭舍、鸭产品等，如未经消毒，则引起主要以消化道为侵入门户的传染病，如曲霉菌病、细菌性中毒病等。

B. 经空气（飞沫和尘埃）传播。空气不适于任何病原体的生存，但空气可作为病原体在一定时间内暂时存留的媒介。经空气传染主要是通过飞沫或尘埃为媒介而传播疾病，如禽流感等。

C. 经孵化间传播。主要发生于啄壳至雏鸭出壳期间，此时雏鸭直接呼吸周围环境中的空气。出壳后的雏鸭开始活动，加速了绒毛及蛋壳碎屑上病菌的传播。如鸭曲霉菌病、脐炎、副伤寒等。

D. 通过鸭只混群传播。不同龄期的鸭只混群，或从外地引入种鸭而混群等，常使鸭群发病，如鸭球虫病、鸭霍乱等。

E. 经活的传染媒介传播。主要有节肢动物，如虻类、螯蝇、蚊、蠓、家蝇等，它们活动在病鸭（或尸体）和健鸭之间，造成机械性传播。

人类，除在人畜共患病中作为传染源外，饲养人员和畜牧兽医技术人员工作中不注意卫生消毒制度，也容易机械传播病原体，如手、衣服、鞋帽、兽医用消毒不严的注射针头等器械可传播鸭传染病。

（3）易感鸭群 鸭对某种传染病容易感染的特性称易感性。鸭群中如果有一定数量的易感鸭称为易感鸭群。当病原体侵入易感鸭时，则易引起某种传染病在鸭群中的流行。

鸭群的易感性与鸭群中的易感鸭数量成正比例。影响鸭群易感性的因素主要有以下几种。

①鸭群的内在因素：不同品种的鸭对于同一种病原体表现的临床反应有很大的差异，这是由遗传性决定的。不同年龄的鸭对同种传染病的易感性也不同，如雏鸭对大肠杆菌、沙门氏菌的易感性较高，这往往和鸭的特异性免疫状态有关。

②鸭群的外界因素：各种饲养管理条件包括饲料质量、鸭舍卫生、粪便处理、拥挤、饥饿、隔离检疫等，都是与疾病发生有关的重要因素。

③鸭群的特异性免疫状态：在某些传染病流行时，鸭群中易感性最高的个体死亡，剩下的或已耐过或无临床症状的鸭对相应的传染病获得了特异免疫力，在传染病后期鸭群易感性降低。疫病流行停止，这些鸭所生后代又常具有先天性被动免疫，幼年时期也具有一定免疫力。某些疫病常发地区的鸭，由于抵抗力递增，不少带菌者无临床表现，也可获得特异性免疫。又如对整个鸭群及时进行了免疫接种，鸭群又获得了新的免疫力。在实际工作中，鸭群免疫水平越高越好，一般情况下达到 $70\% \sim 80\%$，就不可能发生大规模的暴发流行。

当新引进鸭群、新生雏鸭数量增多、免疫接种率不高或免疫期过后时，易感鸭比例增加，在一定情况下，可以引起传染病的流行。

73. 预防鸭传染病的措施有哪几项？

（1）日常防疫

①加强饲养管理：鸭的传染病是病原微生物作用于鸭体而引起发病。健康的鸭群对疾病具有较强的抵抗力，一般当感染病原数量较少

或毒力较弱时，可以耐过而不发病，或仅表现轻微症状。所以，首要的一条就是根据鸭的生理特点，加强饲养管理，提高机体抵抗力。

②把好进门关：在引进新鸭时，除把好鸭的质量关外，还要对引进的鸭进行严格的检疫。一般不要到疫区引鸭。引进后的鸭要经过2周时间的隔离饲养，观察鸭群状况，没有疫病方可入舍。外来人员未经批准，不能进入饲养区。

③搞好卫生消毒工作：鸭场的清洁卫生和消毒工作必须常年坚持。鸭场中要经常保持鸭舍的清洁干燥。粪便应经常清除，垫料要勤换勤晒，饲喂工具要干净卫生。饲养员进出鸭舍要更换鞋帽及工作服，并洗手消毒。鸭舍、运动场要定期消毒。一切车辆、用具须经过消毒后方可进入鸭舍。

④实行"全进全出"的饲养制度：分批进场的鸭群最好来自同一健康的种禽场，每批一次进雏，不同批次进场的家禽要分栋分人饲养，人员不得互串。

（2）免疫接种

①预防接种：预防接种是在健康鸭群中还没有发生传染病之前，为了防止某些传染病的发生，有计划地定期使用疫（菌）苗给健康鸭群进行预防接种。预防接种是通过对机体接种疫苗，刺激机体产生体液免疫和细胞免疫，以达到提高机体对该特异性病原的抵抗力。常采用皮下注射和肌内注射或者口服等不同的接种方法，接种后经过一定的时间（5～7天后）可获得数月的免疫力。在使用这些疫苗时，应按照说明书的要求进行接种，以减少和避免不必要的反应和损失。

②紧急接种：紧急接种是在发生传染病时，为了迅速控制和扑灭疾病的流行，而对疫群、疫区和受威胁地区尚未发病的鸭群进行临时应急性免疫接种。紧急接种初除用疫苗外，还常用高免血清进行被动免疫，而且能够立即生效。

74. 怎样制订合理的免疫程序？

免疫程序应根据当地疫病的流行状况和所饲养鸭的种类、周期及季节而制订，不能盲目照搬别人的免疫程序。某种病在本地流行或有流行的可能、周围地区受到该病的威胁时才有必要免疫，如不具备以上情况而免疫不但没有任何益处，反而增加了应激，如使用活毒疫苗的话还增加了散毒的可能性。具体程序如表6-1、表6-2所示。

表6-1　种鸭（蛋鸭）的免疫程序

日　龄	疫苗种类	用　法
1	鸭病毒性肝炎弱毒疫苗	皮下注射
7～10	禽流感 H_5 亚型灭活苗	皮下注射
21	鸭瘟弱毒苗	皮下注射
40	禽流感 H_5 亚型灭活苗	皮下或肌内注射
开产前	鸭肝、鸭瘟、H_9 亚型流感苗、减蛋综合征	分别皮下或肌内注射

注：在鸭病毒性肝炎发病严重区可在1～3日龄时用鸭病毒性肝炎高免血清免疫，每只鸭皮下注射0.5毫升。有疫情雏鸭群，外观无病的雏鸭，每只鸭皮下注射0.7～1毫升。各种疫苗的注射尽在开产以前完成，进入产蛋高峰期后，尽可能避免捉鸭打针，以免影响产蛋。超过免疫期的种鸭或蛋鸭可在换羽时进行禽流感、鸭瘟、鸭病毒性肝炎的复免。青年鸭的胆子小，蛋用品种神经尤其敏感，应利用喂料、喂水、清粪等机会多与鸭群接触，有意识培养鸭子胆量，以免受惊吓时引起惊群，造成严重损失。

表6-2　肉鸭（饲养周期28～42天）的免疫程序

日　龄	疫苗种类	用　法
1	鸭病毒性肝炎弱毒疫苗	皮下注射
7～10	禽流感灭活疫苗	皮下或肌内注射
15	鸭瘟活苗	肌内注射

注：鸭病毒性肝炎，无母源抗体的1日龄雏鸭，用鸭病毒性肝炎疫苗20倍稀释，每只0.5毫升肌内注射；有母源抗体的7～10日龄皮下1毫升注射。

75.　鸭病的综合防治措施有哪几项？

（1）加强饲养管理，增强鸭体的抗病能力　这是养好鸭的根本条件，也是做好防疫的基础。要精心饲养，做到饲料配合得当，营养齐全，饲喂及时，饮食清洁；同时要加强科学管理，保持鸭舍内适宜的温度、湿度、光照和饲养密度，保持通风良好，环境安静，尽量减少人员走动或其他不良因素的刺激。贯彻自繁自养的原则，防止由外场或外地引入病鸭，这是防病措施中最重要的内容。如果必须从外地或外场购入鸭时，一定要了解被购场的疫病发生情况，并经兽医人员检疫，千万不要从发病场、发病群或刚刚病愈的鸭群引入。引入后先经隔离饲养 30 天后，无任何传染病或寄生虫病时，方可混群饲养。严禁将送屠宰场不合格的鸭子运回本场混入鸭群，也应禁止将生长缓慢的病鸭挑出与小日龄的健康鸭混群饲养。执行"全进全出"的饲养制度，即一栋鸭舍只饲养同一日龄的鸭，同时引进饲养、转群、出售或屠宰。在每次进雏前，有 1～2 周的空舍时间，便于清扫和消毒，确保下一批雏鸭的防疫安全。

（2）做好免疫接种工作　许多传染病尤其是病毒性疾病尚无特效药物治疗，疾病发生后往往没有相应的对策，因此，对那些已有市售疫苗或本地区已有的鸭传染病要进行定期的预防接种。如鸭瘟、鸭病毒性肝炎、禽流感和鸭霍乱等，通过免疫注射，使鸭只产生特异性抵抗力，这是预防和控制鸭传染性疾病的可靠而又经济的方法。要制订适合本场实际的免疫程序，并严格执行。

（3）采取适当的药物进行预防　如在饲料、饮水中加入某些药物或保健添加剂等，也是预防疾病的一种方法，但长期使用某一种药物可能会产生不良反应或耐药性，要考虑定期更换药物，并注意某些药物的停药期。

（4）搞好卫生消毒、灭鼠和粪便处理　这也是防止疾病传播的重要措施。消毒对象包括：进出人员、车辆、养鸭车间、饲养管理用具、垫草、鸭运动场等。根据不同的消毒对象可采用不同的消毒药剂和方法。鼠类是多种疫病的传播者或贮存宿主，养鸭场应搞好灭鼠。

（5）防止与野生水禽直接或间接接触　野生水禽是某些传染病和寄生虫病的贮存宿主和传播者，如鸭瘟、鸭球虫、禽流感等。可采取架设防鸟网等措施，防止野禽进入养殖区。

（6）防止蛋传疾病　所谓蛋传疾病就是能从感染母鸭通过受精蛋传给新孵出后代的疾病。有两种情况：一是病原体在蛋壳和壳膜形成前感染卵巢卵泡（卵巢传递），在蛋的形成过程中进入，而由鸭蛋内部携带的，如沙门氏菌等；另一种情况是鸭蛋在产出时或蛋产下后因环境卫生差，病原体污染蛋壳，如一般肠道菌，特别是沙门氏菌和大肠杆菌，也有绿脓杆菌、葡萄球菌及霉菌等。这些蛋在孵化过程中可能造成死胚，但多数污染的蛋经孵化后，形成弱雏或带菌雏。所以，平时注意种鸭房的环境卫生，勤打扫或消毒产蛋场地，更换垫草，并保持干燥，以减少粪污染蛋。蛋壳表面越干净，污染的细菌就越少。此外，要增加拣蛋的次数。孵化用蛋宜集中后用甲醛溶液熏蒸或合适的洗涤剂冲洗，晾干。严禁用粪便污染的脏水洗蛋，这不但起不到卫生消毒的目的，反而会扩大污染。

76. 肉鸭常用的免疫方法有哪些？

（1）滴鼻、点眼 滴鼻、点眼免疫能确保每只鸭得到准确疫苗量，达到快速免疫，形成很好的局部免疫，免疫效果好。适用于弱毒活疫苗的接种，适应于任何鸭龄。具体操作时，将 1 000 羽份的疫苗稀释于 56～60 毫升的生理盐水中，每只鸭的眼、鼻各滴一滴，免疫时应该在饲料或饮水中加多维电解质，以减少应激的发生。

操作时注意事项：①使用厂家配套的稀释液和滴头；②配制疫苗时摇动不要太剧烈；③疫苗现配现用，2 小时内用完；④疫苗避免受热和阳光照射；⑤点眼时滴头距离鸭眼 1 厘米，以防戳伤鸡眼；⑥滴鼻时，用食指封住一侧鼻孔，以便疫苗滴能快速吸入；⑦滴鼻、点眼时，待疫苗在眼或鼻孔吸收后再放开鸭；⑧免疫接种后的废弃物应焚毁。

（2）饮水免疫 饮水免疫是一种便捷的接种方法，在生产中应用较多，将一定量疫苗放入饮水中让鸭自由饮用，通过吞咽，疫苗病毒经腭裂、鼻腔、肠道，产生局部免疫及全身免疫。比个体免疫省时省力，但饮疫苗量可能多少不均匀。为保证免疫效果，必须注意以下事项：①疫苗用量应加倍，免疫前可加免疫增效剂；②免疫前后 3 天不能饮水消毒；③免疫前后 1～2 天禁止使用抗病毒药物；④免疫前视季节和舍温情况限水 2～3 小时，以便鸭只能及时饮取疫苗，并在短时间内饮完；⑤在水中加入 0.2%～0.3%的脱脂奶粉，不能使用金属器皿，稀释疫苗用水量要适当，使用清洁不含氯、铁等离子的水稀释。

(3) 肌内或皮下注射接种 注射接种最常用的是颈部皮下注射和胸部肌内注射。颈部皮下接种时，用手轻轻捏起鸭的颈背部1/3处皮肤呈三角形，将针头沿三角形从头部向体部的方向刺入，将疫苗注入皮下；胸肌注射时从龙骨突出的两侧沿胸骨呈30°~45°角刺入，避免与胸部垂直而穿入内脏。

注射接种时，要注意以下事项：①油乳剂疫苗启封后，要在当天用完，活疫苗在2小时内用完；②接种过程中，注意摇匀疫苗。注射器要严格消毒，勤换针头；③接种前将油乳剂疫苗提前取出，使其温度至25℃左右；④疫苗使用时不要直接倾倒，以免污染，可以用干净的连续注射器抽取；⑤接种过程中注意调校注射器以保证剂量准确；⑥油乳剂疫苗如有冻结破裂现象、异物或杂质存在、破乳则不能使用；⑦注射两种油乳剂疫苗时，应避免两种疫苗接种在同一点上（可皮下或肌内分开进行）。

(4) 气雾法 此方法是用压缩空气通过气雾发生器，使稀释的疫苗形成直径1~10微米的雾化粒子，均匀地浮游于空气中，随呼吸而进入家禽体内，以达到免疫的目的。免疫前后可使用抗应激的药物来增强免疫效果。

气雾免疫法操作时，应该注意以下事项：①使用高效价的疫苗，剂量加倍，用蒸馏水或去离子水稀释疫苗；②雾粒直径以1~10微米为最佳；③气雾免疫时房舍应密闭，减少空气流动，并应无直射阳光为好。

77. 鸭病的临床诊断方法有哪些？

鸭病的临床诊断方法主要有问诊、视诊和听诊。

(1) 问诊 问诊是临床诊断的重要内容之一，即向饲养者询问了解与疾病相关的内容，遇到群发病还要深入现场进行流行病学调查。通过调查，为诊断疾病提供可靠的依据。调查了解应从以下几个方面进行。

①了解疾病发生时间和经过：由此可以推测该病属急性还是慢性，如急性传染和某些中毒病的特征是突然发生，疾病的经过常较严

重，而营养代谢病一般呈慢性经过。

②了解疾病的主要表现：据此可推断疾病大致范畴，如食欲不振或废绝、下痢、打喷嚏、瘫痪、麻痹、抽搐等，提示了主要症状，就为鉴别诊断提供了前提。如鸭肉毒梭菌毒素中毒，主要表现为头颈麻痹。

③了解发病后的病情是逐渐加重还是减轻：由此可以分析疾病发展的趋势，如营养代谢病，开始时症状较轻，若缺乏的营养得不到及时的补充或补充不当，则日益加重。

④了解鸭发病后治疗情况：了解鸭发病后用何种药物治疗，用药剂量、方法、次数及疗效，均可为诊断提供有价值的参考。

⑤了解邻近鸭舍或同一鸭舍中，鸭群是否同时发生类似疾病：据此可推断该病是群发，还是单个发生及有无传染性。如果仅有个别或少数先发病，首先要考虑传染病，如禽霍乱、鸭瘟等。若是同一鸭舍和邻近鸭舍，所有的鸭同时发病，则应考虑中毒病。

⑥了解疾病传播速度快慢：如果疾病在短时间内迅速传播，造成流行或疾病在短期内发生并出现死亡，则提示可能是急性传染病或某些中毒病，如鸭瘟、雏鸭肝炎、番鸭细小病毒病以及鸭采食喷洒农药的饲草、蔬菜引起的急性中毒或使用喹乙醇、痢特灵等药物过量引起的药物中毒。若是在较长时间内不断地相继发生，则应考虑为慢性传染病或寄生虫病，如慢性副伤寒、鸭绦虫病、鸭棘头虫病等。

⑦了解发病率、死亡率和有无年龄差别：这些情况的了解，对一些疾病的鉴别诊断起着重要的作用。如番鸭细小病毒病、雏鸭肝炎、日龄较小的发病率和死亡率高；2月龄以上的番鸭很少发生细小病毒病，即使感染发病，死亡率亦不高，成年番鸭则不发病。雏鸭肝炎仅发生于3周以下的雏鸭，1月龄以上的雏鸭至成年鸭均不发病。而鸭瘟主要发生于青年鸭、成年鸭，2周龄以内的雏鸭一般不见发病。

⑧了解鸭患病的同时，其他畜禽是否也发病：如禽霍乱，不但能引起鸭发病死亡，而且也能引起鸡、鹅、鸽子、鹌鹑等其他禽类发病死亡，同时亦能够引起猪的死亡。

⑨了解病史和既往史：鸭群曾患过什么病，其发病的经过和结果

如何，与本次患病有无相同之处，通过了解来分析本次疾病与过去疾病的联系。例如，雏鸭副伤寒，即使治愈后，若受不良因素（气候、环境、温度等）的影响，10～20天后仍然可以复发。

⑩了解防疫情况及实际效果：防疫制度及贯彻的情况如何，鸭饲养场有无消毒设施，病死鸭死后的处理等，这些都对分析疫情有一定的实际意义。预防接种实施情况如何，包括接种的时间、方法和密度，并查明疫苗的来源、运输及保管的方法等，以估计实际接种的效果，有利于分析情况及参考诊断。

⑪了解鸭舍的构造、设施等以及鸭群的饲养管理、饲养密度和卫生环境状况：鸭舍尤其是肉用仔鸭舍，其位置、结构、设施、光照、通风等条件均与某些疾病的发生有一定联系。

⑫了解饲料的种类、组成、质量、调制方法及贮存情况：这些情况的了解常为某些营养代谢病、消化系统疾病或中毒病以及寄生虫病提出病因性诊断的启示。如产蛋鸭长期喂单一的饲料或某些营养物质缺乏或不足的饲料，常常是孵出的雏鸭营养不良的根本原因，或种蛋出现受精率、孵化率下降。

（2）视诊　视诊是接触病鸭或病鸭群进行客观观察的重要步骤，也是观察病鸭在自然状态下的行为的一种诊断方法。①观察鸭群的整体状态，如鸭营养状况、生长发育情况、体质的强弱等。②观察精神状况、体态、姿势和运动的行为等，如精神、行为等。③观察羽毛、皮肤、眼睛有无异常。④观察某些生理活动，如呼吸运动有无喘息、呼吸困难、喷嚏、咳嗽，采食、吞咽及排粪状况有无异常。

（3）触诊　触诊是用手指或触觉来进行体格检查的方法。通过触、摸、按、压被检查局部，以了解体表（皮肤及皮下组织等）及脏器的物理特征。触诊分为直接感诊法、浅部触诊法、深部触诊法。

78. 肉鸭饲养中禁用哪些兽药？

（1）食用动物禁用兽药（《禁止在饲料和动物饮用水中使用的药

物品种目录》农业部公告 176 号、《食品动物禁用的兽药及其他化合物清单》农业部公告 193 号）

1）禁用于所有食品动物的兽药（11 类）

①兴奋剂类：克仑特罗、沙丁胺醇、西马特罗及其盐、酯及制剂；

②性激素类：己烯雌酚及其盐、酯及制剂；

③具有雌激素样作用的物质：玉米赤霉醇、去甲雄三烯醇酮、醋酸甲孕酮及制剂；

④氯霉素及其盐、酯（包括琥珀氯霉素）及制剂；

⑤氨苯砜及制剂；

⑥硝基呋喃类：呋喃西林和呋喃妥因及其盐、酯及制剂；呋喃唑酮、呋喃它酮、呋喃苯烯酸钠及制剂；

⑦硝基化合物：硝基酚钠、硝呋烯腙及制剂；

⑧催眠、镇静类：安眠酮及制剂；

⑨硝基咪唑类：替硝唑及其盐、酯及制剂；

⑩喹噁啉类：卡巴氧及其盐、酯及制剂；

⑪抗生素类：万古霉素及其盐、酯及制剂。

2）禁用于所有食品动物用作促生长的兽药（3 类）

①性激素类：甲基睾丸酮、丙酸睾酮、苯丙酸诺龙、苯甲酸雌二醇及其盐、酯及制剂；

②催眠、镇静类：氯丙嗪、地西泮（安定）及其盐、酯及其制剂；

③硝基咪唑类：甲硝唑、地美硝唑及其盐、酯及制剂。

（2）其他违禁药物和非法添加物（《禁止在饲料和动物饮水中使用的物质》农业部公告 1519 号）　禁止在饲料和动物饮用水中使用的药物品种（5 类 40 种）

①肾上腺素受体激动剂：盐酸克仑特罗、沙丁胺醇、硫酸沙丁胺醇、莱克多巴胺、盐酸多巴胺、西巴特罗、硫酸特布他林。

②性激素：己烯雌酚、雌二醇、戊酸雌二醇、苯甲酸雌二醇、氯烯雌醚、炔诺醇、炔诺醚、醋酸氯地孕酮、左炔诺孕酮、炔诺酮、绒毛膜促性腺激素（绒促性素）、促卵泡生长激素（尿促性素主要含卵

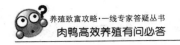
泡刺激 FSHT 和黄体生成素 LH）

③蛋白同化激素：碘化酪蛋白、苯丙酸诺龙及苯丙酸诺龙注射液。

④精神药品：（盐酸）氯丙嗪、盐酸异丙嗪、安定（地西泮）、苯巴比妥、苯巴比妥钠、巴比妥、异戊巴比妥、异戊巴比妥钠、利血平、艾司唑仑、甲丙氨酯、咪达唑仑、硝西泮、奥沙西泮、匹莫林、三唑仑、唑吡旦及其他国家管制的精神药品。

⑤各种抗生素滤渣：该类物质是抗生素类产品生产过程中产生的工业三废，因含有微量抗生素成分，在饲料和饲养过程中使用后对动物有一定的促生长作用。但对养殖业的危害很大，一是容易引起耐药性，二是由于未做安全性试验，存在各种安全隐患。

（3）最新增添（《农业部关于决定禁止在食品动物中使用洛美沙星等 4 种原料药的各种盐、脂及其各种制剂的公告》2016 年 1 月 1 日起实行） 禁止在食品动物中使用洛美沙星、培氟沙星、氧氟沙星、诺氟沙星等 4 种原料药的各种盐、脂及其各种制剂。

79. 为什么出栏前 7 天要停止用药？

出栏前 7 天停止用药是为保证动物及其产品有充足的休药期。休药期就是食品动物从停止用药到许可屠宰或其产品许可上市食用的间隔时间，一般休药期为 5～7 天。严格遵守休药期，保证动物及其产品不含药物残留，以保证人们的身体健康。兽药残留是动物源食品最重要的污染源之一。目前，非法使用违禁药物，任意加大剂量，延长用药时间或改变使用对象等滥用药物现象，以及对动物屠宰前不遵守休药期规定都是造成药物残留超标的主要原因，不仅给我国经济造成巨大的损失，更重要的是损害了人们的健康和我国在国际贸易上的声誉。动物源食品中药物残留对人体的危害性主要表现在以下几个方面。

（1）过敏反应 人类在用药过程中，只有少数抗菌药物能致敏易感个体，并且通过不使用过敏药物，避免过敏反应的发生及其危害，但动物源食品中药物残留引起的过敏反应却难以避免。

（2）**毒性作用** 外源化学物毒效应与染毒剂量，染毒时间密切相关，动物组织中药物残留水平通常很低，只有极少数因残留浓度较高发生中毒，如：四环素类药物作为药物添加剂使用，引起动物源食品中药物残留，能抑制骨骼和牙齿发育，并有可能具有致畸作用。

（3）**激素（样）作用** 肝肾和激素注射或埋植部分含有大量残留的同化激素，被人食用后可产生一系列的激素样作用，主要表现潜在致癌性，发育毒性（儿童早熟）及女性男性化或男性女性化现象。

（4）**耐药性** 人们食用了动物源食品中残留的抗菌药物后，诱导耐药菌株产生，导致致病菌对抗菌药物耐药，最终导致人类和动物感染性疾病治疗失败，还能使胃肠道内的部分敏感菌受抑制，致使菌群平衡破坏，条件性致病菌趁机繁殖，或使体外致病菌容易侵入，导致疾病发生。

80. 怎样在鸭棚入口处设置消毒池？

鸭棚或者每栋鸭舍的出入口均应设立消毒池，形式以脚踏消毒池（长宽深分别为 0.6 米、0.4 米、0.08 米）为宜，可内置 2%～3% 的火碱水，每 1～2 天换 1 次，踏入时间至少 15 秒以上。养禽场在生产区门口及各禽舍前均需建有消毒池。

81. 从鸭的运动行为能看出疾病吗？

鸭的运动行为也是疾病诊断的一个重要方面，从中我们能看出不少问题。

行走摇晃，步态不稳，临床上见于明显期的急性传染病和寄生虫病等，如鸭瘟、鸭球虫病以及严重的绦虫病、棘头虫病、吸虫病等。下肢行走无力，并有痛感，行走间常呈蹲伏姿势，临床上见于鸭佝偻病或骨软症以及葡萄球菌关节炎等。运步摇晃，呈不同程度的 O 形或 X 形外观或运动失调倒向一侧，临床上见于肉鸭的营养代谢病，如缺乏维生素 D、钙磷代谢障碍引起的佝偻病和锰、胆碱、叶酸、生物素等缺乏引起滑腱症以及氟中毒引起的骨质疏松等。下肢交叉行走或运动失调，跗关节着地，常见于雏鸭维生素 E 和维生素 D 缺乏症，亦见于鸭疫巴氏杆菌、雏鸭肝炎等。下肢不能站立、仰头蹲伏呈观星姿势，临床上见于雏鸭维生素 B_1 缺乏症。两肢麻痹、瘫痪、不能站立，常见于雏鸭维生素 B_2 缺乏症和幼鸭的维生素 A 缺乏症。企鹅样立起或行走，见于成年鸭淀粉样变性病（又名鸭大肝病），也偶见于鸭卵黄性腹膜炎和肉鸭严重的腹水症。

82. 健康鸭和患病鸭的叫声有何区别？

健康鸭叫声响亮，而患病鸭则叫声无力。若叫声嘶哑，临床上见于亚急性病晚期的病例，如慢性鸭瘟、鸭结核病、鸭的禽流感和慢性副伤寒等，也见于某些寄生虫病，如寄生在鸭气管内的舟形嗜气管吸虫病。

83. 养肉鸭时，应做好哪些病毒病的预防？

（1）鸭瘟 是由疱疹病毒引起的一种急性传染病。临床特点是高热、脚软、步行困难，拉绿色稀便，流泪。常见头颈部肿大，故有"大头瘟"之称。不同年龄、品种和性别的鸭对本病毒都有很高的易感性。本病发生无明显的季节性，但通常在春、夏、秋季流行最严重。

预防：注射鸭瘟鸡胚弱毒苗，2 月龄以上鸭 200 倍稀释液胸肌注射 1 毫升；初生雏鸭用 50 倍稀释液腿部肌内注射 0.25 毫升。

（2）鸭病毒性肝炎 是雏鸭的一种急性传染病，死亡率高达 90%。主要危害 4～10 日龄雏鸭。病原体是一种肠病毒。感染后潜伏期 1～4 天。突然发病，迅速传播。

预防：利用高免血清和康复鸭血清肌内注射 0.5 毫升，进行预防。也可用免疫过母鸭产的蛋，制成免疫蛋黄，给病鸭每只注射 1～2 毫升。

（3）禽流感 是由 A 型流感病毒引起的一种烈性传染病。主要临诊症状为：雏鸭急性死亡，眼结膜潮红，流泪，流鼻液，喙紫黑色，个别肿头和出现共济失调的神经症状；母禽产蛋量急剧下降，受精率和孵化率也显著降低。主要病理变化为：雏鸭眼结膜炎，潮红；胰腺有出血点或坏死点；腺胃乳头有出血点或脓性分泌物；心肌可能有条纹状坏死；肝脏有出血点；脾脏有坏死点；母禽卵黄性腹膜炎。

防制：药物预防效果不明显，一般在 7～14 日龄注射禽流感灭活疫苗，效果良好。

（4）减蛋综合征 由禽的一种腺病毒引起的传染病；病毒主要侵害生殖系统，经繁殖、喉头和排粪时排毒。

预防：蛋鸭或种鸭 120 日龄用鸭减蛋综合征油乳剂灭活疫苗（或鸭减蛋综合征蜂胶灭活疫苗）皮下注射每羽 1 毫升。病毒病一般用药物治疗或预防效果不明显，主要是搞好预防接种和加强饲养管理。加强鸭舍、用具和运动场的消毒，保持清洁卫生；增喂适量各种维生素及矿物质，以增强体质；不同日龄雏鸭严格实行隔离分开饲养。

84. 养肉鸭时应对哪些细菌病进行药物预防？

（1）鸭传染性浆膜炎 病原是鸭疫巴氏杆菌，革兰氏阴性。主要发生于 2～7 周龄以下的雏鸭。饲养管理不良以及其他应激因素都能促使本病发生和流行。

预防：

A. 7 日龄雏鸭皮下接种鸭传染性浆膜炎疫苗 0.5 毫升/只。

B. 在 1 日龄、8 日龄、18 日龄和 30 日龄用乳酸环丙沙星、林可霉素、氟苯尼考、安普霉素和头孢类等药物预防。

C. 棚舍、用具和场地定期消毒，保持清洁卫生，舍内通风。

（2）鸭霍乱 病原是多杀性巴氏杆菌，革兰氏阴性。除鸭外，鸡、鹅和火鸡等家禽都能感染发病。由于病禽常有剧烈下痢症状，所以统称禽霍乱。通过呼吸道和消化道传染。成年鸭多发，幼鸭少发。

防治：

A. 2 月龄以上鸭，每只肌内注射禽霍乱氢氧化铝菌苗 2 毫升，或肌注禽霍乱蜂胶灭活疫苗 1 毫升。

B. 饮水中加入恩诺沙星。

（3）鸭大肠杆菌病　由致病性大肠杆菌引起鸭全身或局部感染的一种细菌性传染病，在临床上有大肠杆菌性败血症、腹膜炎、生殖道感染、呼吸道感染、脐炎、蜂窝织炎等病型。

防治：选用大肠杆菌和传染性浆膜炎二联苗进行预防。由于大肠杆菌极易产生耐药性，在临床治疗时应根据药敏试验结果选择高敏药物，并要定期更换用药或几种药物交替使用。可选择丁胺卡那、先锋类等药物预防和治疗。

（4）鸭沙门氏菌病　鸭沙门氏菌病又称鸭副伤寒，是雏鸭的一种急性或慢性传染病。病原为沙门氏菌属的多种细菌，其中鼠伤寒沙门氏菌是引起鸭副伤寒病的主要菌种。

防治：土霉素、氟哌酸、环丙沙星、恩诺沙星等对本病均有良好的治疗效果。

85. 维生素有哪些功用？

维生素是家禽维持正常生理机能不可缺少的有机化合物，是维持家禽生命所必需的微量营养成分。鸭体不能合成它们，必须从食物中获得。饲料中缺乏时，会引起相应的维生素缺乏症。发生代谢紊乱，影响正常的生长发育、受精、产蛋和种蛋的孵化，甚至发生各种疾病。严重时可导致鸭死亡。

86. 怎样判断肉鸭缺乏维生素 A？

在饲养肉鸭的过程中，肉鸭往往容易患以视觉和行动障碍为主要症状的代谢性疾病，这就是所谓的肉鸭维生素 A 缺乏症。病鸭的典型症状是眼睛流出一种牛乳状的渗出物，上下眼睑被渗出物粘住，眼结膜混浊不透明。病情严重时，病鸭眼内蓄积大块白色的干酪样物质，眼角膜甚至发生软化和穿孔，最后造成病鸭失明。一般情况下，病鸭生长停滞，精神萎靡，身体瘦弱，走路不稳，羽毛松乱，喙和小腿部皮肤黄色消失，运动无力，如果不进行及时治疗，则必死无疑（图 6-1）。

图 6-1　维生素 A 缺乏

（引自黄瑜，苏敬良《鸭病诊治彩色图谱》）

87. 怎样判断肉鸭缺乏维生素 E？

维生素 E 缺乏症又称"小鸭白肌病"，是一种缺硒或维生素 E 而引起的营养代谢性疾病。本病主要发生在某些缺硒或低硒地区，或因从这些地区采购的谷物特别是玉米作为饲料，加之在饲料中未补充足够量的硒或维生素 E，均会导致本病的发生。临床症状：病鸭精神不振，食欲减退，站立时两腿叉开，呆立，腿和喙部颜色发白，流鼻液，甩鼻，腹泻，头颈部肿大，不愿走动。随着病情发展，出现腿麻痹无力，喜卧或不能站立，驱赶时步态不稳，头颈左右摇摆或向后翻滚，倒地侧卧抽搐而死。病理剖检：可见腹部、颈部、胸部皮下出现水肿，胸肌、腿肌苍白，心包积液，肝表面散布着针尖大小出血点，肠道出血（图 6-2）。

88. 怎样判断肉鸭缺乏维生素 B_1？

维生素 B_1 又称为硫胺素，在体内可参与神经递质合成，其不能在雏鸭体内合成，主要靠从饲料中摄取。维生素 B_1 缺乏症又称多发性神

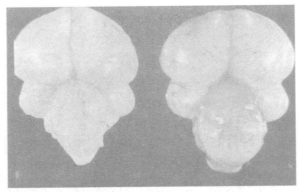

图 6-2　维生素 E 缺乏脑部变化

（引自吕荣修，郭玉璞《禽病诊断彩色图谱》）

图 6-3　维生素 B_1 缺乏

（引自黄瑜，苏敬良《鸭病诊治彩色图谱》）

经炎，主要症状为：病鸭食欲减退，生长不良，羽毛松乱无光泽，体质衰弱；头经常偏向一侧，形成特征性的"歪头"症状；还常出现转圈、无目的奔跑、乱跳等症状，一般为阵发，开始每日数次，以后越来越重，严重者头向后仰，角弓反张，呈典型的"观星"姿态(图 6-3)。

89. 怎样判断肉鸭缺乏维生素 B_2？

维生素 B_2 即核黄素，雏鸭日粮中缺乏维生素 B_2 时，常发生腹泻，生长缓慢，软弱与消瘦。雏鸭不愿走动，强制驱赶时则常借助于翅膀扇动，并用跗关节走动。两侧脚趾向内弯曲（屈曲），用跗关节支撑身体或伸腿侧卧。产蛋鸭日粮中缺乏维生素 B_2 时，会导致产蛋下降，胚胎死亡率增加，弱雏率高（图6-4）。

图6-4 维生素 B_2 缺乏
（引自黄瑜，苏敬良《鸭病诊治彩色图谱》）

90. 怎样判断肉鸭缺乏维生素 C？

肉鸭缺乏维生素 C 时，会出现生长停滞、食欲不佳、活动力丧失，皮下及关节弥散性出血，皮毛无光、贫血、下痢、坏血病等症状；产蛋鸭在高温下出现紧张状态，蛋壳硬度降低。

91. 怎样判断肉鸭缺乏维生素 D？

维生素 D 具有调节机体内钙磷代谢的作用，是畜禽的骨骼、硬喙和趾爪生长发育过程中所不可缺少的营养成分，因此鸭的维生素D缺乏症主要发生于雏鸭。主要症状为：病雏生长发育显著不良或完全停止，两腿无力、步态不稳，最后不能站立。喙和趾的质地变软，易弯曲变形，以致采食不便。骨骼变柔软、肿大，

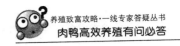

肋骨与肋软骨连接处显著肿大，形成圆形的结节，称为肋骨串珠或佝偻珠。长骨质地变脆，易骨折，荐椎和坐骨向下弯曲，胸骨变形，胸部正中内陷，使胸腔变小。有的病鸭还有下痢、消瘦等症状。

92. 应用抗菌药物时是否需要补充维生素?

需要。大部分抗菌药物需经过肝脏代谢，服用抗生素后肝脏负担加重，需补充电解多维保肝；例如，磺胺药物可抑制 B 族维生素在动物肠内的合成，所以，使用磺胺药物 1 周以上者，应当同时给予 B 族维生素以预防其缺乏。

93. 肉鸭缺钙时的症状有哪些?

【临床症状】 早期即可见病鸭喜欢蹲伏，不愿走动，食欲不振，生长发育迟滞等症状。幼鸭的喙与爪变得较易弯曲，肋骨末端呈念珠状小结节，跗关节肿大，蹲卧或跛行，有的腹泻。成年鸭发病主要是在高产鸭的产蛋高峰期，初期产薄壳蛋、软壳蛋，破损率高，产蛋量急剧下降，蛋的孵化率也显著降低。后期病鸭胸骨呈 S 状弯曲变形。

【剖检变化】 主要病变在骨骼、关节，全身各部骨骼都有不同程度的肿胀，关节面软骨肿胀，有的有较大的软骨缺损或纤维样物附着。容易发生骨折，骨密质变薄，骨髓腔变大。肋骨变形，胸骨呈 S 状弯曲，骨质软。

94. 肉鸭食盐缺乏时的症状有哪些?

食盐缺乏会使鸭发育迟滞，骨质变软，角膜角质化，体重减轻，出现异食癖，还会使鸭的饲料利用率降低。缺氯则生长极度不良，血液浓缩，脱水，出现神经症状，受惊后突然倒地，两脚后伸，不能站立，补充食盐后可很快恢复。

95. 肉鸭食盐中毒的症状有哪些?

兴奋不安，呈现精神紊乱、食欲减少、极度口渴、以致频频伸颈、频繁饮水、口鼻流出黏性液体，严重症状会出现步态不稳、单腿或者双腿呈划船状、忽而起立、忽而倒地、皮肤出现青紫色，严重时出现全身抽搐、痉挛死亡。

96. 怎样判定肉鸭缺乏锰?

最典型症状为骨骼生长异常。雏鸭表现为软骨合成障碍，外部变现为：膝关节粗大，胫骨粗短，腿部变弯、扭曲，膝关节变扁平，无法支持体重以致运动时关节着地，不能行走。

97. 为什么葡萄糖具有解毒功能?

这种说法不是很确切，葡萄糖本身不具备解毒作用，只是参与肝脏解毒过程。肝脏是动物机体主要的解毒器官，而解毒能力的大小，与肝内糖原储备量有关。肝脏有充足的糖原储备时，对感染和病毒的抵抗能力增强，反之则下降。葡萄糖吸收后增加了肝糖原，提高了肝脏的解毒能力。体内有足量葡萄糖的情况下，肝组织可以迅速除去大量氨，提高解毒能力。

98. 怎样诊治鸭病毒性肝炎?

【剖检变化】可见肝肿大、质脆，表面有大小不等的出血点。胆囊肿胀并充满褐色、淡茶色或淡绿色胆汁，脾脏充血，心肌质软。急性病例最初的组织病变为肝细胞大量坏死、出血；慢性型则表现为肝脏的广泛胆管增生，也可见肝实质增生，部分肝细胞发生脂肪性变性，并有不同程度的异嗜性白细胞和淋巴细胞浸润及出血，肾脏毛细血管和静脉腔充满红细胞。电镜下可见到肝细胞广泛变性和坏死。

【临床症状】发病急、病程短、死亡快，短时间内出现大批死亡，雏鸭发病初期精神不振，羽毛松乱，缩颈呆立，眼半闭呈昏睡状，以嘴触地，废食。不久即出现神经症状，运动失调，两脚痉挛踢动，向一侧倒，死前头向背部变曲，呈角弓反张状，死后两腿伸直向后张开。急性鸭突然出现神经症状随后死亡。

【诊断】鸭发病的日龄一般为 7～14 日龄，也见于 4～20 日龄，病鸭出现了鸭病毒性肝炎死亡典型体征（死前及死后呈现角弓反张的姿势），病理变化主要是肝肿大，有点状或瘀斑状出血。根据以上情况，可以初步诊断为鸭病毒性肝炎。

【治疗】严格隔离病鸭，死鸭采用无害化处理；鸭舍、设备、用具等全面清洗，然后用 2%～5% 苛性钠溶液进行消毒。全群鸭每日用 0.1% 过氧乙酸喷雾消毒。采用以下药物进行治疗：

①最常用的方法是注射鸭病毒性肝炎高免血清或卵黄抗体，同时加入防止继发感染的长效抗生素药物，根据鸭的体重每只注射 0.5～2 毫升。

②病鸭肌内注射辅病速治注射液（黄芪多糖、干扰素），每只 0.25～0.5 毫升，超越头孢金方（注射用氯唑西林钠），每只 0.05 克，连用 2 天。

③黄芪 150 克，茵陈 120 克，柴胡、黄芩、黄连、板蓝根、大青叶、双花、连翘、茯苓、枳壳、溪黄草各 100 克，甘草 80 克，加水 5 千克，煮成 2 千克，药渣再加水 3 千克，煮成 2 千克，两次滤渣后药液混合加入红糖 1 000 克，供全群饮服，饮服前停饮水 1 小时，病重的每只灌服 3 毫升，每天 2 次。本病是由鸭肝炎病毒引起，因此以清热解毒、健脾益气为治疗原则，方中双花、连翘清热解毒，大青叶、黄芩、黄连清热凉血、解毒，溪黄草、茵陈清热利湿，枳壳理气健脾，甘草补脾益气，调和诸药。

99. 怎样诊治鸭传染性浆膜炎？

鸭传染性浆膜炎又名鸭疫里默氏杆菌病、鸭疫巴氏杆菌病、鸭败血症等，是由鸭疫里氏杆菌引起的一种急性或慢性接触性、败血性传染病。由于本病的高死亡率、高淘汰率，已成为养鸭业经济损失的重要疫病之一。发病无明显的季节性，春冬季较多发。本病潜伏期一般为 1～3 天，有时可长达 7 天。主要侵害 2～7 周龄幼鸭，呈急性或慢性经过。

【临诊症状】病鸭表现为精神不佳，嗜睡，委顿，腿软无力，行动迟缓，不愿走动或行动跟不上群，不食或少食。伏卧不起，缩颈或嘴抵地面，两翅下垂，运动失调，痉挛性摇头或点头，尾部轻轻摇摆。眼有浆液性、黏液性分泌物，常使眼周围羽毛粘连脱落。鼻孔流出浆液性或黏性分泌物或因分泌物堵塞鼻孔而造成患鸭呼吸困难。粪便稀薄呈绿色或黄绿色，部分病鸭腹部膨胀。

【剖检病变】病死鸭最明显的肉眼病变是浆膜表面的纤维素性渗出物以及由纤维素性渗出物构成的纤维素性心包炎、肝周炎、气囊炎。心包液明显增多，心包膜增厚，可见一层灰白色或灰黄色的纤维素性渗出物，病情较长者，心包膜与外膜发生粘连，难以剥离，渗出物干燥甚至机化、干酪化。肝脏肿大，质地变脆，呈土黄色或棕红色；表面包盖一层厚薄不等的灰白色或黄白色的纤维性膜，很易剥离。

纤维素性气囊炎在胸、腹和颈部气囊最为明显，气囊混浊增厚，可见淡黄色的纤维素性渗出物附着，甚至与胸腹壁发生粘连。

【治疗】经临床实践，可用氟苯尼考，按 100 克饮水 500 千克，一天 2 次，连用 3 天，可取得很好的防治效果。还可用盐酸大观霉素，按 200 克对水 250 千克，一天 1 次，集中使用，连用 3～4 天。

100. 怎样诊治鸭瘟？

【临床症状】病鸭表现精神沉郁，流泪，眼睑水肿，眼睑周围羽毛湿润呈湿圈，部分病鸭头部皮下水肿，头颈部肿大，故俗称"大头瘟"。大多数病鸭表现严重下痢，排灰白色或绿色水样稀便。

【剖检症状】剖检见食道黏膜出血，喉头、食道黏膜表面形成黄色假膜，心冠脂肪出血，肠道黏膜充血、出血、坏死或溃疡，肠道淋巴集合组织处形成纽扣状坏死灶。肝脏表面有灰白色、大小不一的坏死灶及出血，出血发生在坏死灶中央或周边，有的坏死灶被出血染红。

【预防措施】

①在进鸭前，鸭舍和场地用3％烧碱水或5％甲醛溶液、10％漂白粉混悬液消毒。以后要经常消毒，也可用消毒威（每包200克）对水240千克，平面喷雾鸭群及饲养池，半个月一次。

②执行自繁自养制度，需要引进的种蛋或苗鸭须来自非疫区，在运输时也要防止带毒或受感染。

③定期注射鸭瘟疫苗，具体用法和用量严格按照疫苗的说明书进行，通常用生理盐水稀释，倍数可根据每只份注射量而定。例如，雏鸭（1月龄以内），可稀释40倍，每只鸭肌内注射0.2毫升，免疫期1个月；2月龄的鸭，可稀释100倍，每只肌内注射0.5毫升，免疫期5个月；5月龄以上的鸭，可稀释200倍，每只肌内注射1毫升，免疫期6～9个月。免疫程序，要因地制宜，根据本地区有无疫情和鸭群情况，具体制订。

④一旦鸭群发生本病，应及时上报疫情，划定疫区范围，并迅速进行严格的封锁、隔离、焚尸、死鸭深埋、消毒等工作，同时对假定健康鸭立即采取大剂量鸭瘟弱毒疫苗紧急接种：重者20倍量，轻者15倍量，一般接种后1周内死亡率可显著降低，这是控制和消灭鸭瘟流行的一个强有力的措施。

【治疗措施】本病重在预防，治疗只是辅助的办法。

①可用抗鸭瘟高免血清进行早期治疗，每只肌内注射0.5毫升，还可用聚肌胞（一种内源性干扰素），每只成鸭肌内注射1毫升，3日1次，连用2～3次，均可收到一定疗效。

②用中药辅助治疗：A. 胆草、木香各15克，黄连、黄檗、栀子、茵陈、大黄各10克，枳壳6克，甘草5克，木香磨汁或浸泡1天，其他药煮沸10分钟去渣，收取药液浸泡大米可喂50只病鸭。B. 用土鳖虫喂病鸭，每鸭1只（蚕豆大小的土鳖虫），1天3次，连用3天。

101. 怎样诊治鸭霍乱？

鸭霍乱又称鸭巴氏杆菌病，或称鸭出败，是由多杀性巴氏杆菌引起的一种急性败血性传染病。各种家禽和多种野禽都能感染发病，常为散发，或呈地方性流行。饲养管理不良、阴雨湿潮、长途运输和气候骤变等诱因能促使本病的发生和流行。

【临床症状】本病潜伏期由数小时至 3～5 天。最急性病例常无明显前驱症状而突然死亡。急性型病例表现为病鸭精神委顿，两翅下垂，羽毛松乱，离群独处。食欲不振，腹泻，排黄色、灰白色或淡绿色稀粪，有时混有血液。体温升高，呼吸急促，口鼻流出多量带出血的分泌物。病鸭濒死前常频频摇头，故俗称"摇头瘟"。慢性病例表现为腿部关节肿胀，跛行，呼吸困难，病鸭因消瘦衰竭而死。少数病鸭关节肿胀，行走困难，生长发育迟缓。

【治疗方法】

（1）加强饲养管理　防治鸭霍乱，首先要加强鸭群的饲养管理，雏鸭、中鸭、成年鸭要分群饲养，不从疫场或疫区引进鸭，引进后应隔离饲养 15～30 天，确认无病后才能转入场内。周围地区发生疫情后，应停止放牧，并立即接种禽霍乱疫苗；本场发病后，应积极采取封锁、隔离、消毒、治疗等工作。

（2）药物治疗　按复方磺胺甲噁唑，按 500 克饮水 500 千克或拌料 250 千克，连用 3～5 天，取得了良好效果。或土霉素拌料 500 千克，连用 3 天，可获得良好的疗效。

102. 怎样诊治鸭大肠杆菌病？

鸭大肠杆菌病是一种急性败血性传染病，因而又名鸭大肠杆菌败血病，病原是大肠杆菌。本病的临床特征是发病急、死亡快，主要侵害 2～6 周龄的小鸭。

【临床症状】新出壳的雏鸭发病后，闭眼缩颈，腹围较大，常有下痢，因败血症死亡。较大的雏鸭发病后，精神萎靡，食欲减退，隔立一旁，缩颈嗜眠，两眼和鼻孔处常附黏性分泌物，有的病鸭排出灰绿色稀便，呼吸困难，常因败血症或体质衰竭、脱水死亡。成年病鸭表现喜卧，不愿走动，站立时，可见腹围膨大下垂，呈企鹅状，触诊腹部有液体波动感，穿刺有腹水流出。

【剖检变化】本病主要以败血症剖检变化为特征。患鸭肝脏肿大，呈青铜色。脾脏肿大，呈紫黑色斑纹状。卵巢出血，肺有瘀血或水肿。全身浆膜呈急性渗出性炎症，心包膜、肝被膜和气囊壁表面附有黄白色纤维素性渗出物。腹膜有渗出性炎症，腹水为淡黄色。有些病例卵黄破裂，腹腔内混有卵黄物质。肠道黏膜呈卡他性或坏死性炎症。有些雏鸭卵黄吸收不全，有脐炎等病理变化。

本病在临床上与传染性浆膜炎难以区别，因此，本病的确诊要做病原菌的分离与鉴定，才能完成。

【预防措施】

①改善饲养管理：主要是搞好环境卫生，加强鸭群饲养管理。特别要注意下列方面：检查水源是否被大肠杆菌污染，如有则应彻底更换；注意育雏期保温及饲养密度，改善通风，降低灰尘，勤除粪，减少氨气的含量；鸭舍、孵化器及用具经常清洁和消毒；种鸭场应及时拣蛋。平时可使用抗生素类药物进行预防，尽力防止寄生虫等病的发生。

②接种菌苗：目前国内常用疫苗有大肠杆菌甲醛灭活苗和大肠杆菌灭活油乳苗两种，最好是用自发病鸭分离的大肠杆菌株制备多价疫苗进行免疫，可有效地控制本病的发生。如四川农业大学研制的"种鸭大肠杆菌苗"，种鸭首次免疫为4～8周龄，免疫期5～6个月，在产蛋前再加强免疫1次，可获得良好的预防效果。

【治疗】可用硫酸安普霉素，100克对水200千克，一天2次，连用3～5天，治疗效果很好。

103. 怎样诊治鸭副伤寒？

鸭副伤寒又名鸭沙门氏菌病，是由沙门氏菌属的细菌引起鸭的急性或慢性传染病，雏鸭感染时常发生大批死亡，成年鸭感染呈慢性或隐性经过，成为带菌者。该菌广泛存在于畜禽及人体内及外界环境中，危害动物和人的健康。

【症状与病变】雏鸭感染后有的不显任何症状突然死亡，多数精神沉郁，呆立，畏寒，垂头闭眼，食欲减退，饮欲增加，并常见下痢，肛门常被稀粪黏糊，眼和鼻腔流出清水样分泌物，体质衰弱，步态不稳，最后可发生角弓反张，抽搐死亡。

特征性病变为肝脏肿大，边缘钝圆，表面色泽不均匀，有时呈灰黄色，肝表面及实质中有针尖大密集的灰白色坏死点；整个肠道黏膜充血、出血，表面可见针头大灰白色坏死点，有的肠黏膜坏死脱落，表面形成一层糠麸样物；部分雏鸭盲肠肿大，内有干酪样物形成栓子；胆囊肿胀、充满胆汁；有的气囊混浊不透明；肾脏色泽较淡，有尿酸盐沉积。

【诊断】根据流行病学情况、临床症状和剖检变化可做出初步诊断，确诊需进行细菌的分离培养和鉴定。

本病需注意与鸭霍乱和鸭传染性浆膜炎相鉴别。鸭霍乱与本病都有肝脏出现小坏死灶的变化，但鸭霍乱有心脏冠状脂肪及心肌的点状出血，本病无；鸭霍乱多发生于1月龄以上鸭，本病通常发生于3周龄以下鸭；鸭霍乱发病和死亡更急。传染性浆膜炎与本病主要区别在于前者无肝脏的小点状坏死和盲肠的肿大及栓子。

【防治】对本病的防治应采用综合性措施，首先应做好环境卫生和消毒工作，防止本菌污染饲料和饮水；患病母鸭所产蛋不能留作种用，孵化前必须对种蛋进行消毒（福尔马林熏蒸或浸泡）；雏鸭应与成鸭分开饲养；注意减少应激因素，冬防寒，夏防暑等。也可用药物进行防治，如氟哌酸、强力霉素按每千克饲料100毫克拌料饲喂。还可用庆大霉素20日龄雏鸭每只肌内注射3 000～5 000国际单位，连用3～5天。但需注意，该菌极易产生抗药性，使用时最好做药敏试验，或经常换药。

104. 怎样诊断鸭细小病毒病？

【病原】本病是由鸭细小病毒引起的急性、败血症传染病。主要侵害5～20日龄的雏鸭，发病主要集中在2～4周龄的雏鸭，3周龄为发病高峰，故有"三周病"之称。本病一旦发生，数日内即可波及全群。

【诊断】

①本病主要症状为喘气、腹泻、脱水、软脚并迅速消瘦，仅发生于雏鸭为特征。

②急性病例主要表现为精神委顿、食欲减退，离群呆立，软脚，不愿走动，羽毛直立，排灰白色或淡绿色稀粪。喙端发绀，噗间及脚趾也有不同程度发绀。

③其特征性病变是呈现胰腺炎、肠炎和肝炎。全身呈败血，心脏变圆呈灰白色，肝稍肿，呈紫褐色或土色，胰脏发炎，胆囊显著肿大。

④特征性病变在肠道上，十二指肠、空肠呈急性卡他性炎症，有大量出血点，回肠中后段可见到外观呈显著膨大的肠节。剖开后见大量炎性渗出物并有脱落的肠黏膜，有的有假性栓子，而盲肠内有长3～4厘米的栓塞物。直肠黏液分泌较多，黏膜上有大量出血点，肛门外翻，附有稀粪。

105. 鸭链球菌病的主要症状是什么？

病鸭体温升高，昏睡或抽搐，羽毛蓬乱无光泽，精神不振，体温升高、怕冷，嗜睡，头藏翅下，食欲减退或废绝，冠及肉髯苍白、发绀，头部皮肤有出血，持续性下痢，体况消瘦，死亡率较高。

106. 鸭痘的主要类型有哪几种？

本病可分为皮肤型、口腔型和眼型3种不同的临诊类型。其中以皮肤型较多见。

(1) 皮肤型 约占鸭痘的90%，在鸭的嘴角与鸭喙连接的皮肤上、眼睑处皮肤上出现大小不等的结节样疹，并经常汇集成较大的疣状结节。

(2) 口腔型 最初在口腔黏膜上出现灰白色痘疹，在口角处有结节样疹，痘疹逐渐变黄，后期形成溃疡。

(3) 眼型 病初有水样分泌物，后来逐渐形成脓性结膜炎，常将上、下眼睑黏合在一起，严重时可导致一侧或两侧失明。

107. 鸭葡萄球菌病怎样防治？

【主要症状】

（1）**葡萄球菌性败血症** 病鸭死前没有特征性临床症状，一般可见精神沉郁、食欲废绝，低头缩颈呆立，病后1～2天死亡。身体外表皮肤多见湿润、水肿，相应部位羽毛潮湿易掉，颜色呈青紫色或深紫红色，皮下多蓄积渗出液，触之有波动感。有时可见翅膀内侧、翅尖或尾部皮肤形成大小不等的出血、糜烂和炎性坏死，局部干燥呈红色或暗紫红色，无毛。切开水肿皮肤可见皮下有数量不等的紫红色液体。胸腹肌出血、溶血。有的病死鸭皮肤无明显变化，但胸、腹或大腿内侧等皮下有灰黄色胶冻样水肿液。肝变脆，有出血点及白色坏死点。该型能造成较大损失。

（2）**初生雏鸭感染葡萄球菌可发生脐炎** 见于1周龄以内，特别是1～3日龄的雏鸭。病雏鸭弱小、怕冷、眼半闭，腹部增大，蛋黄吸收不良，脐孔周围皮肤浮肿、发红，皮下有较多红黄色渗出液多呈胶冻样。

（3）**中鸭和种鸭多发生葡萄球菌型关节炎** 多见于趾关节和跗关节，病鸭跛行，不能站立，喜卧，关节及其邻近腱鞘部肿胀，局部有热痛感。剖检可见关节肿胀处皮下水肿，切开有干酪样物蓄积，关节液增多。心外膜有出血点，肝脏肿大、质硬，脾脏稍肿，泄殖腔黏膜溃疡。

【防治措施】

（1）**预防** 加强鸭群的饲养管理，保持舍内清洁卫生，通风良好，有合理的光照，尽量减少细菌对环境的污染。加强孵化室及其设备的消毒工作，保持种蛋的清洁，减少粪便的污染，做好育雏保温工作，防止异物性外伤的发生。

（2）**治疗** 根据药效试验，敏感药物有头孢类、红霉素等。各地敏感药物也不完全相同，应结合药效试验选择药物。

108. 如何防治鸭球虫病？

加强饲养管理，鸭舍经常清扫消毒，及时更换垫草，保持干燥清洁。可以采用药物进行预防和治疗，要注意用药安全和耐药性问题。

（1）预防　氨丙啉，0.012 5％混入饲料，可从小鸭出壳到屠宰上市前应用，休药期为 7 天；尼卡巴嗪，0.012 5％混入饲料，休药期 4 天；常山酮，0.05％拌料，休药期 5 天；莫能菌素，0.01％～0.012％拌料，无休药期。

（2）治疗　磺胺二甲基嘧啶，按 0.1％混入饮水，连用 2 天。或者按 0.05％混入饮水，饮用 4 天，休药期 10 天；氨丙啉，0.02％～0.05％混入饮水，连用 3 天；磺胺氯吡嗪，0.03％混入饮水，连用 3 天；磺胺二甲氧嘧啶，0.05％混入饮水，连用 6 天；百球清口服液，2.5％口服液 1 000 倍稀释，连用 1～2 天。

109. 肉鸭中暑是怎么回事？症状是什么？怎样治疗？

鸭中暑又叫鸭热应激综合征，是由于炎热的季节，烈日下曝晒鸭的头部过久，而导致机体水分蒸发增多，伴随氯化钠的丢失，但以水的丢失为主，可导致高渗性脱水、血浆渗透压升高和尿量减少；或者在温度过高而湿度又大的环境中，如鸭舍狭小而又通风不良，由于散热困难，体热蓄积而招致。

肉鸭中暑的症状是突然发病，精神极度沉郁，站立不稳，有时兴奋不安。心跳加快，血液浓稠、黑红色，呼吸促迫。最后倒地昏迷，瞳孔散大，反射消失，如不及时抢救，往往迅速死亡。

出现肉鸭中暑后，应立即将患鸭置于凉爽通风的地方，并配合用冷盐水内服或用冷水反复灌服。另外，可静脉注射 20％甘露醇、5％碳酸氢钠。同时采取有效措施改善鸭舍通风降温，预防同群鸭继续发生中暑。

110. 鸭高锰酸钾中毒时应怎样解救？

（1）立即停止饮用含有高锰酸钾的饮水，供给新鲜的饮水，饮水中加入维生素 C 和电解多维。

（2）适量灌服鸡蛋清对消化道有一定的保护作用，对于症状较重的鸭，灌服牛奶蛋清水。也可灌服豆浆。

111. 怎样治疗及预防鸭曲霉菌病？

鸭曲霉菌病，又称曲霉菌性肺炎。主要是由烟曲霉等真菌引起的鸭呼吸道传染病。其特征是在呼吸器官组织中发生炎症，尤其是在肺和气囊出现灰黄色的结节，胸腹部气囊也可能有霉菌斑。本病主要发生于雏鸭，多呈急性经过，发病率高，可造成大批死亡，成年鸭多为散发。

(1) 治疗 立即更换新鲜的饲料，更换垫料，并把垫料下的土铲去一层，同时配合药物治疗。投喂制霉菌素，按每80只雏鸭1次用50万国际单位，每日2次，连用4天。饮水中添加葡萄糖、速补，防止应激和缓解肝肾损害，同时用恩诺沙星等抗生素药防继发感染。使用0.3%的过氧乙酸，彻底消毒鸭舍和运动场。鸭群按以上方法治疗5天后可有很大改善。

(2) 预防 曲霉菌广泛存在于自然界，常污染垫草和饲料，其孢子可随空气传播。健康鸭通过吸入含有霉菌孢子的空气或采食染菌饲料而经呼吸道或消化道感染，另外在种蛋孵化过程中，霉菌还可穿透蛋壳而使初生鸭感染。因此，要防止曲霉菌病的发生，应注意以下几点：①加强饲养管理，本病目前还没特效治疗办法，重在预防，特别要注意鸭舍的通风和防潮湿。②搞好环境卫生，及时清理鸭粪，更换垫料，不垫发霉的垫料。③加强饲料贮存和保管工作，不喂已霉变的饲料。④鸭舍、饲槽、饮水器等器具要定期消毒。⑤喂料时要少喂勤添，避免料槽中饲料积压。⑥如果鸭群已被污染发病，病鸭要及时隔离，清除垫料和更换饲料，鸭舍要彻底消毒。

112. 怎样防止鸭啄羽？

肉鸭啄羽是指肉鸭在养殖过程中，群体中一只或多只鸭自啄或啄击其他个体羽毛的不良行为。啄击部位多为背后部、尾部及羽翅尖部，造成羽毛稀疏残缺、毛囊出血甚至皮肤撕裂，羽毛被连根啄出后常被吃掉。啄羽行为的发生，使鸭群变得骚动、损伤，食欲减退。严重影响了鸭的正常生长。针对发生原因，防止鸭啄羽的措施有：

(1) 环境条件差引起的 改善饲养环境，加强饲养管理，适度减小养殖密度，改善通风与光照强度。鸭舍温度和湿度要适宜，满足不同日龄的要求，相对湿度保持在 60%～70%，适度通风，光线不太强，保持清洁卫生，地面干燥，人走进鸭舍感到不闷气、不刺激鼻眼。减少光照强度，一般用 25 瓦灯泡照明，鸭能看到吃食和饮水就可以了。

(2) 营养缺乏引起的 根据鸭生长日龄使用高品质的全价配合饲料，以提供合理足够的蛋白质、维生素、无机盐等，并定时饲喂。因蛋白质、钙磷不足，可添加 5% 豆饼或 3% 鱼粉、2%～4% 骨粉或贝壳粉，因缺盐引起的可在饲料中添加 0.5%～1% 食盐，连喂 2～3 天，缺硫引起的可补硫酸锌或硫酸钙，每只每天 1～4 克，适当添加青绿饲料或增喂啄羽灵、羽毛粉，都能防止啄羽发生。

(3) 蚊虫叮咬引起的 定期消灭蚊蝇，应注重用药浓度及使用方法，以免中毒。在饮水中或饲料中适当加喂维生素 B_{12}，可预防脱羽症诱发的啄癖。

(4) 初生雏鸭及时断喙 初生雏鸭 8～10 日龄断喙，用鸭电烙断喙器将雏鸭喙尖烧烙，即可彻底避免啄癖的发生。

(5) 及时治疗 发生啄癖应及时分离施治，病伤处用高锰酸钾溶液洗涤或涂紫药水或红霉素软膏，待结痂痊愈后再合群，避免啄击行为的进一步扩散。适当运动，在饲料中加入适量的天然石膏粉末，一般每只鸭每天 1～4 克，啄癖也会很快得到控制。

113. 注射鸭禽流感疫苗时注意事项有哪些？

(1) 疫苗必须在 2～8℃ 条件下避光保存。

(2) 疑似禽流感病毒感染者或健康状态异常的家禽切忌免疫接种。

(3) 疫苗严禁冷冻或过热，使用前应先将疫苗温度达到室温，减少低温疫苗对家禽的免疫应激。

（4）如疫苗出现破损、异物或分层等异常现象时，切勿使用。

（5）疫苗本身不会影响产蛋量，免疫接种操作可能会对产蛋量有一过性影响。

（6）疫苗应在当地兽医的正确指导下严格按说明书使用。

（7）使用前及使用过程中充分摇匀疫苗，保证每只鸭获得的抗原量一致。

（8）颈部皮下注射时，应避免将疫苗注射到颈部血管、神经或靠近头部的部位，避免鸭只死亡、残疾或肿头。

（9）腿部有大的血管且神经干较多，又是家禽负重的主要部分，一般不宜做肌内注射。

（10）疫苗的注射量应适当。

（11）每注射100只鸭至少更换一次针头。应先接种健康鸭，再接种假定健康鸭，最后接种有病的鸭。

114. 怎样诊治鸭衣原体病？

本病主要发生于成年鸭。

【临床症状】病初表现为眼结膜潮红，流泪，眼周围的羽毛潮湿，粪便呈黄绿色，水样腹泻，气味恶臭。接着，病鸭眼睑肿胀，眼部分泌物由水样转为黏稠状，甚至出现脓性分泌物，有的病鸭鼻部也有脓性分泌物。眼周围的羽毛粘连，有的病鸭眼睑被脓性分泌物粘连而闭合。扒开眼睑，可见眼结膜发生严重的炎性水肿，眼球被淡灰色的分泌物覆盖。病鸭常因失明而无法觅食，十分瘦弱。

【剖检变化】眼结膜发炎，病程长者眼球萎缩。肌胃角质层及内容物呈绿色，肠壁稍增厚，肝脏稍肿大，病程长者明显肿大，微黄，肝周发炎。脾脏缩小，病程长的则稍肿大。心包膜增厚，有纤维素性心包性。病程长的还可见到肌肉萎缩。

【治疗】

①土霉素按0.2%的比例拌料，全群喂服，每日2次，连喂4～5天。②强力霉素拌料或饮水，连用7天。

【预防】鸟类是鹦鹉衣原体携带者，因此鸭场内严禁养鸟。防止饲料、饮水被鹦鹉衣原体污染。隔离病鸭，病死鸭要深埋或焚烧，并及时清理粪便，地面要勤洗刷消毒。为防止继发其他疾病，平时应搞好鸭场的消毒工作。将微生态制剂、红糖、水以1：1：250的比例配制，让鸭自由饮用，可提高鸭体抵抗力，杀死病原微生物，对预防鹦鹉衣原体及其他病原微生物感染有一定作用。

115. 怎样诊治鸭慢性呼吸道病？

【流行特点】病鸭与带菌鸭是本病的传染源。呼吸道是本病的主要传播途径，也可能经蛋垂直传播。由污染的种蛋孵出的雏鸭常可带菌。育雏舍温度过低、通风不良、鸭舍内氨含量过高，饲养密度过大等诱因，可导致本病的暴发。本病主要发生在2～3周龄的雏鸭，填鸭与成鸭较少发生，一年四季都可发生。

【症状与病变】病初可见一侧或两侧眶下窦部肿胀，形成有波动感隆起的鼓包。随着病程的发展，肿胀部变硬，鼻腔出现炎症，自鼻孔流出浆液或黏液性鼻汁，病鸭甩头。有些病鸭眼内蓄积有浆液—黏性分泌物，病程较长时可导致失明。大多数病鸭能自愈，但生长发育缓慢，肉鸭品质下降，蛋鸭产蛋率下降。剖检时，眶下窦内常充满浆液性或黏性分泌物，窦腔黏膜充血增厚，有的有多量干酪样物质，结膜囊与鼻腔内有黏性分泌物，气囊壁增厚、混浊。

【防治】预防本病主要采取加强饲养管理，注意鸭舍清洁卫生，严格消毒，防寒保温等综合措施。对新孵出的雏鸭，可用泰乐菌素混水自由饮水，预防量为0.05%，治疗量为0.1%～0.2%，连用3～5天。

116. 怎样诊治鸭痛风？

【病因】主要是饲料蛋白质含量过高，以及肾机能障碍所致。常见原因如下。

（1）饲料配方不合理　长期大量饲喂过多的蛋白质饲料，如动物的内脏、肉屑、鱼粉等；饲料中缺乏维生素A和维生素D或者钙磷比例失调。典型例子为肉鸭错喂蛋鸭料。

（2）**药物使用不当** 过量等引起肾脏损害，促使尿酸血症的发生。如饲喂过量的磺胺类药物、慢性铅中毒等。

（3）**管理不善** 鸭舍拥挤、潮湿阴冷、日光照射不足，特别是雏鸭长途运输、缺乏饮水等，均可诱发本病。

【治疗】对于已发生痛风的鸭群，应尽快消除病因，降低饲料中蛋白质含量，并酌情选用可减退尿酸形成、促进尿酸排泄的药物，如丙磺舒、别嘌呤醇、阿托品等。用车前草、金钱草、金银花、甘草各等份煎水后让鸭自由饮水 3～4 天，也有一定疗效。对于重症病鸭，可用硫胺素注射液每只肌内注射 5 毫克，每天 1 次，连用 3～5 天。

117. 磺胺类药物中毒的症状与病变是什么？

【临床症状】急性中毒主要表现患鸭不安、厌食、腹泻、痉挛、共济失调、麻痹等症状。慢性中毒病鸭精神沉郁、食欲减退或消失、渴欲增加、贫血、黄疸，有的头部局部性肿胀，皮肤呈蓝紫色，翅下有皮疹，便秘或腹泻，粪便呈酱油色，并伴多发性神经炎和全身出血性变化。产蛋鸭产蛋量下降。

【剖解病变】可见皮下有大小不等的斑状出血，胸肌弥漫性或刷状出血，腿肌斑状出血，血液稀薄，凝固不良，肌肉苍白或呈淡黄色，骨髓黄染。肝脏肿大瘀血，呈紫红色或黄褐色，表面有出血斑点或坏死灶。胆肿大，充满胆汁。肾脏肿大，呈土黄色，表面有紫红色出血斑。输尿管增粗，充满白色尿酸盐。腺胃和肌胃下有出血点，角质膜老化易剥离，十二指肠黏膜出血，盲肠内充有咖啡色内容物。脑膜水肿、充血，心外膜出血，心包积液。

118. 预防磺胺类药物中毒的措施有哪些？

选用磺胺类药物时要注意其适应证，严格掌握用药剂量及用药时间，特别是雏鸭、体弱者、所患疫病损害肾脏或经剖检有肾肿病变的应谨慎，产蛋鸭尽量避免使用。磺胺类药物使用一般不得超过 1 周。拌料使用时应分级搅拌、充分搅拌均匀，饮水给药时要充分溶解，可将药物先溶于少量温水中再掺入饮水中并搅拌均匀。在用药期间适当补充维生素饲料或多维素，特别是维生素 K 制剂。某些制剂在使用时应配合等量的碳酸氢钠，供给充足的饮水。

使用磺胺类药时可配合磺胺增效剂（TMP），抗菌效果提高，用药量减少，中毒机会减少，一旦发生磺胺类药物中毒，应立即停药，尽量多饮水，并饮服 1%～5% 的碳酸氢钠溶液，可配合维生素 C 和维生素 K 进行治疗。肾肿、尿酸盐沉积的病例，可同时使用消肾肿、促进尿酸排泄的制剂。

119. 怎样诊治鸭的肉毒梭菌中毒？

本病是由肉毒梭菌毒素引起的一种毒素中毒。肉毒梭菌毒素是一种类神经毒素，毒力强而耐热，经煮沸 5～20 分钟方可被破坏。本病的主要特征为全身性麻痹和迅速死亡，头软弱无力而下垂，故称"软颈病"。多因吃了腐败的死鱼、烂虾、蛙、虫等食物而中毒。放牧的鸭群更易发生，造成严重的损失。

本病重在预防。治疗可以肌内注射 C 型肉毒梭菌抗毒素，每只 2～4 毫升，疗效较好。同时用 10% 硫酸镁溶液，每只灌服 10～30 毫升，并喂给糖水，促进毒素排泄。

120. 鸭腹水症的病因是什么？

鸭腹水症是多种因素引起的一种综合病征，病的特征是腹部膨大和腹腔积液。

(1) 营养因素 高能量的日粮，使发育中的肉鸭生长过速，对氧的需求量增加，加之饲养环境缺氧，例如，饲养密度过大，通风不良，舍内二氧化碳或一氧化碳浓度过高。此外，饮水或日粮中钠盐增加，维生素 E、硒缺乏等，均可能发生腹水。

(2) 真菌毒素 日粮中谷物发霉，肉骨粉或鱼粉的霉败，可产生大量真菌毒素引发腹水症。

（3）**化学毒物因素** 我国某些地区在日粮中添加"油脚"以提高日粮的能量，但其中含有有害物质二联苯氯化物，可导致本病的发生。

（4）**高海拔地区饲养** 由于高海拔地区缺氧，引起组胺增加，使机体组织血管扩张，肺动脉压增加，右心扩张衰竭，导致腹水症。

（5）**疾病因素** 雏鸭时期患过轻微鸭病毒性肝炎。

（6）**药物因素** 使用磺胺类药物时未采取保护肾脏的措施。

（7）**其他原因** 遗传因素和某些细菌毒素，如大肠杆菌、分枝杆菌、黄曲霉毒素等所引起的肝淀粉样变或肝硬变，常导致腹水症的发生。

总之，病因是多方面的，目前，一般认为腹水症主要是右心衰竭导致循环障碍造成的。

121. 怎样鉴别鸭病毒性肝炎与鸭瘟、巴氏杆菌病、黄曲霉毒素中毒？

鸭病毒性肝炎主要症状发病急、病程短、死亡快，临床上短时间内可出现大批死亡；表现精神沉郁，行动迟缓，然后出现蹲伏或侧卧，随后出现抽搐、转圈等神经症状，大部分鸭出现神经症状后很快死亡，死鸭呈角弓反张状；剖检肝脏肿大、瘀血、脆化、黄褐或暗红色，表面有斑点状或刷状出血。

（1）**与鸭瘟鉴别** 鸭瘟是由鸭瘟病毒引起鸭的一种高死亡率的急性传染病，虽然各种日龄的鸭均可感染发病，但3周龄以内的雏鸭较少发生，而病毒性鸭肝炎对1～2周龄雏鸭有极高的发病率和致死率，超过3周龄雏鸭很少发病，这在流行病学上是重要鉴别之一；患鸭瘟的鸭以食管、泄殖腔和眼睑黏膜呈出血性溃疡和假膜为主要特征性病变，与病毒性肝炎症状完全不同，可作为重要鉴别之二；用抗鸭瘟病毒高免血清和抗鸭病毒性肝炎高免血清，在1～7日龄易感雏鸭中作交叉中和试验，或交叉保护试验，可作为重要鉴别之三。用鸭胚和鸡胚作病毒分离检验。可作为鉴别之四。

（2）**与鸭巴氏杆菌病鉴别**　鸭巴氏杆菌病是由多杀性巴氏杆菌引起的急性败血性传染病，发病率和死亡率很高。青年鸭、成年鸭比雏鸭更易感，尤其是 3 周龄以内的雏鸭很少发生，这在流行病学上是重要鉴别之一；患鸭巴氏杆菌病的鸭肝脏肿大，有灰白色针尖大的坏死灶和心冠脂肪组织有出血斑，心包积液，十二指肠黏膜严重出血等特征性病变，与鸭病毒性肝炎完全不同，可作为重要鉴别之二；患鸭巴氏杆菌病的鸭肝脏触片，心包液涂片，革兰氏或美蓝染色见有许多两极染色的卵圆形小杆菌，可作为重要鉴别之三。

（3）**与鸭黄曲霉毒素中毒的鉴别**　鸭黄曲霉毒素中毒病是由黄曲霉所产生的毒素引起的一种中毒病。雏鸭比成鸭易感，1 周龄左右中毒病鸭拱背和尾下垂，这在流行病学上是重要鉴别之一；发病的鸭群饲料一般都被污染，有特殊异味，发霉变质，可作为重要鉴别之二；剖检皮下胶样浸润，眼和蹼皮下出血以及肝脏病变；肝苍白，萎缩，肝硬变。心包积液和腹水，肾肿胀出血，胰脏出血。可作为鉴别之三。

122.　商品代肉鸭基础免疫程序是什么？

（1）**病毒性肝炎活苗免疫**　雏鸭出壳后 3 日龄左右，应用该活苗皮下或肌内注射 1～2 羽份。免疫 7 天内必须隔离饲养，防止未产生免疫力之前因野外强毒感染而引起发病。

（2）**大肠杆菌—浆膜炎二联苗免疫**　雏鸭在 5～7 日龄应用单苗或二联苗免疫，每羽皮下注射 0.5 毫升。

（3）**禽流感灭活苗免疫**　10 日龄左右皮下或肌内注射，用高致病性禽流感 H_5N_1 型灭活苗皮下或肌内注射每羽 0.5 毫升。

（4）**鸭瘟弱毒苗免疫**　15～20 日龄按常规量进行鸭瘟活疫苗免疫，皮下或肌内注射每羽 0.5 毫升。

（5）**注意事项**　病毒性肝炎抗血清免疫或卵黄抗体，在有这种疾病流行区域，健康易感的雏鸭可在 1～3 日龄用抗血清免疫，每羽皮下注射 0.5 毫升。有疫情雏鸭群，外观无病的雏鸭，每羽皮下注射 0.7～1 毫升家禽白细胞介素-2（每瓶 1 000 只）。

123. 饮水免疫时应注意什么问题？

饮水免疫是家禽常用的免疫方法之一。为使饮水免疫达到最理想的效果，须注意以下几个问题。

（1）饮水免疫前应对水槽、饮水器彻底清洗干净，但不能用任何消毒剂和清洁剂冲洗饮水器，以免降低疫苗效价。

（2）一般情况下宜用深井水，不用自来水，因自来水中加有消毒剂，能降低疫苗效价。

（3）饮疫苗前应根据季节、室温等停水 2～3 小时，以便使鸭能尽快地饮完疫苗水。

（4）为使鸭群都能接种足够量疫苗，饮水时间不应小于 1 小时。饮水时间最长不要超过 2 小时，时间过长会使疫苗失效。要根据平时的饮水量计算准稀释疫苗用水量，保证每只鸭都能够喝到足量的疫苗。也可采取分次配制的方法以延长饮水时间，即将本次免疫所用疫苗分 2～3 次稀释，饮完一次后再配下一次的，以保证每只鸭都得到充足的剂量。

（5）饮水中最好加入适量脱脂奶粉，以保护疫苗效价稳定。

（6）用饮水法免疫的疫苗，一般按照说明书用量加倍用，但不要盲目加倍。

（7）饮水免疫的间隔时间不宜太长，因为饮水免疫不能产生足够的免疫力，不能抵御毒力较强的毒株引起的疫病流行。

（8）不应将青霉素、链霉素粉剂或氨苄青霉素粉剂加入疫苗水中，因为抗生素药物，同疫苗混配在一起改变了水的电离度，对疫苗有破坏作用。

124. 气雾免疫优点是什么？应注意什么问题？

（1）气雾免疫的优点 ①省时省力成本低。可全群集中一次性免疫，1 000～2 000 只雏鸭只需一个人喷雾 20～30 分钟，而注射法至少需两个人连续工作2～3 小时。虽然多用 1～2 倍的疫苗，但比注射抗体、使用药物预防等成本低得多。②比注射、点眼、饮水等免疫方法产生保护力快、强。由实践来看，气雾免疫后产生的保护力足以抵抗病毒的攻击。③应激小，鸭不用经受捉拿、针刺等伤害，对采食、抗病力、生长都基本不会造成不良影响。

（2）应注意的问题　①应加大疫苗用量，一般是标注羽份的 2～4 倍。②注意水质要清洁，稀释疫苗采用蒸馏水（去离子水）或灭菌甘油，并加入 0.1％脱脂奶粉。③在被支原体等引起呼吸道疾病的病原体污染的棚舍，该接种法应慎用。必要时先喷清水（雾滴要大一些，减少吸入）净化室内空气，然后再喷疫苗。④喷头距离家禽0.5～1 米，人距离家禽 2 米，形成局部雾化区域。⑤雾滴的大小要适中，雾滴太大则沉降速度过快，疫苗在空气中停留的时间短且不易被吸入呼吸道，疫苗不能被有效利用；雾滴过小则疫苗在呼吸道内不易附着在呼吸道内而被呼出。这就需要选择合适的喷雾器，最好是专门用于喷雾免疫的。喷雾时关闭门窗和通风系统，喷完 20 分钟后再打开。⑥要求舍温 20℃左右，湿度 70％以上，以免雾滴迅速蒸发。⑦免疫后适当补充多维电解质，以减轻免疫引起的应激。⑧喷雾人员应该注意自身防护，可戴口罩、密封镜等。

125. 注射免疫时应注意什么问题？

（1）将免疫用的疫苗提前从冰箱中取出，保证疫苗使用时为常温，减少低温疫苗对鸭只的应激和保证疫苗吸收充分。

（2）使用前及使用过程中充分摇匀疫苗，保证每只鸭获得的抗原量一致。

（3）颈部皮下注射时，应避免将疫苗注射到颈部血管、神经，避免鸭只死亡、残疾（图 6-5）。

（4）胸肌注射时，应防止误刺入肝脏、心脏或胸腔内，引起鸭只意外死亡（图 6-6）。

（5）因腿部有大的血管且神经干较多，又是家禽负重的主要部分，一般不宜做肌内注射。

（6）选择不同的部位注射疫苗。由于疫苗对局部组织的损伤及过

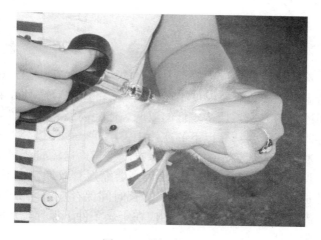

图 6-5　颈部皮下注射

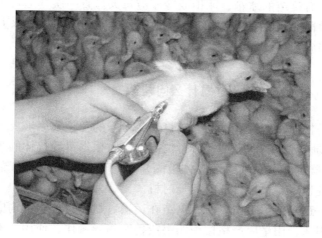

图 6-6　胸肌注射

多疫苗在同一部位的蓄积会造成吸收障碍，影响鸭群健康与免疫效果。

（7）疫苗的稀释和注射量应适当，一般以每只 0.2～1.0 毫升为宜。

（8）每注射 100 只鸭至少更换一次针头。应先接种健康鸭只，再接种假定健康鸭只，最后接种有病的鸭只。

126. 如何运输和保管疫苗?

(1) 冻干苗(弱毒或中等毒力苗)**的运输和保存** ①长途运输时要采用低温冷藏车,维持温度不能超过 0℃;短途运输时可采用冷藏箱加低温冰块的方式,保持较低的温度。避免高温和阳光照射。②长时间保存时应置于-15℃以下的冰箱中。

(2) 油佐剂灭活疫苗的运输和保存 ①长途运输时要尽量采用低温冷藏车保持温度在 2~8℃,温度太高会缩短有效期,也不能冻结,冰冻会造成疫苗破乳分层而失效。②长时间保存应置于 2~8℃的冷藏箱或冷库内,所有疫苗和菌苗均应在干燥条件下保存,短时内使用的可置于阴凉处。

对存有疫苗的冰箱、冰柜或冷库应每天检查一次其运行情况,以防出现故障不能正常工作而导致疫苗失效。停电 24 小时以上时要及时采取措施,保证温度不会过高。

127. 预防接种应注意什么问题?

(1) 根据鸭场实际情况,制订切实可行的免疫程序 要了解本地区或本场鸭传染病的疫情和流行情况,同时根据母源抗体的水平(雏鸭)、鸭群抗体水平(通过抗体检测)和疫苗的性质,制订合理而科学的免疫程序、选择合适的免疫时机。

(2) 正确使用疫苗 所有疫苗在运输、贮藏过程中,均应按要求保存,用法、用量应严格按说明书或兽医指导操作、使用。不用过期或保存不当的疫苗,剂量不是越大越好,过大会导致免疫麻痹而造成免疫失败。

(3) 灭菌操作 免疫接种操作中,从一开始就要采取严格的卫生措施,接种用的器具设备应事先灭菌。吸取疫(菌)苗的针头要固定,切勿用刚注射的针头吸取疫苗,以防止整瓶疫苗受到污染。油乳剂疫苗一经开瓶、稀释后应在当天最短时间内用完,活疫苗在稀释后 2 小时内用完。

（4）给予抗应激药物　为减少免疫应激带来的损失，接种时鸭应是健康的，两次免疫的间隔时间应在 5 天以上。免疫前后，最好能给予抗应激的药物。对免疫效果有影响的药物，在免疫接种期间应停止使用。

（5）免疫后的工作　接种后，注意观察鸭有无异常反应，发现过敏的应及时注射抗过敏药物，最好在免疫 2～3 周后监测抗体水平，检验免疫效果，以确保免疫成功；同时加强饲养管理，严格执行防疫卫生制度，尽量减少和避免应激，从而保证机体产生坚强的免疫力。

128. 免疫失败的原因有哪些？

（1）疫苗质量不稳定

①疫苗被污染：制疫苗应该用 SPF 蛋，但有些厂家为了追求利润不使用 SPF 种蛋，这样就容易造成疫苗污染。

②疫苗质量问题：有的疫苗达不到规定效价，免疫后就不能产生好的效果。

③疫苗保存、管理、使用不当：运输、保管没有按要求在冷链下进行，所使用疫苗已经失效。

④血清型差异：有些血清型较多的传染病，如大肠杆菌病、禽流感、病毒性肝炎、传染性支气管炎等，没有选用与本地流行毒株相对应的血清型，造成免疫失败。

（2）首免时间选择不当和免疫程序不合理　近年来由于普遍进行疫苗接种，雏鸭出壳后都具有一定的母源抗体，会不同程度地干扰弱毒苗，抑制主动免疫抗体产生，过早接种疫苗会导致免疫失败。

（3）饲养管理不科学　有的鸭场只求多养、多获利，鸭群密度过大，通风不良，空气中有害气体浓度过高，应激频繁，使机体的免疫应答能力降低，造成免疫失败。

（4）饲料质量问题　某些混合料或添加剂厂家为了追求利润，不按质量标准配制，出现营养不全、变质发霉、盐分过量等问题。研究证明，机体维生素缺乏、蛋白质缺乏等都会影响免疫效果。

（5）**乱用药物**　按规定，使用弱毒活疫苗前后几天，不能带畜禽喷雾消毒和饮水消毒；使用弱毒活疫苗前后一段时间，不能使用抗菌、抗病毒药物，以免杀灭弱毒活疫（菌）苗；免疫接种时，最好不同时应用某些抗菌药物，以免降低机体的免疫应答能力。

（6）**环境污染**　近年来随着养殖业的发展，养殖数量猛增，饲养形式大多数属于高密度开放式饲养，还有一些是密集式专业养殖村，对疾病未采取综合性防治措施，防疫制度不严格，病死鸭到处乱扔，污染了舍内外环境，大量有害病原微生物在周围环境里繁殖，因此，即使有良好的免疫程序，也很容易感染发病，造成免疫失败。

（7）**其他疾病影响**　鸭群免疫时已经感染疾病、处于潜伏期内，不等产生免疫效果，就发生疫病。

129. 鸭群传染病的扑灭措施有哪几项？

（1）**及时发现和诊断疫病**　鸭群中出现传染病的早期症状多为精神不振或沉郁，缩颈，喜卧，眼、鼻有分泌物，减食或不食，母鸭产蛋量急剧下降等。此时应迅速将可疑病鸭隔离观察，并将死亡鸭送兽医部门检验，以便尽早作出诊断，采取针对性的防治措施。

（2）**停止出售**　确诊后再根据具体情况处理，属疑似重大动物疫病的应按要求及时逐级上报，确诊为重大动物疫病的应配合有关部门按照有关规定处理。

（3）**隔离病鸭**　对污染的场地和鸭舍进行紧急消毒，严禁饲养员及工作人员串圈，以免扩大传染。

（4）**病死鸭深埋或焚烧**　粪便发酵，垫草焚烧或堆肥，严禁病鸭或死鸭出售或加工食用。

（5）**紧急防疫**　根据确诊的疾病，选用专用疫苗进行紧急疫苗接种，对病鸭进行合理治疗。

130. 鸭用药物分为哪几类？

养鸭与鸭病防治中应用的药物种类很广，根据其来源可分为天然药物（植物药如黄连、动物药如胃蛋白酶、矿物药如硫酸钠和抗微生物药如青霉素等）和人工合成和半合成药物（包括化学合成药如氟喹诺酮类、磺胺类等）。而根据药物作用的性质和应用范围，则可分为以下几类。

（1）消毒防腐药　常见的有烧碱、生石灰、来苏儿、甲醛、新洁尔灭、漂白粉、百毒杀、酒精、碘酊等。

（2）抗生素类药物　常见的有青霉素类、头孢菌素类、氨基糖苷类、四环素类、制霉菌素类、大环内酯类。

（3）合成抗菌药　常见的有磺胺类、抗菌增效剂类（如 TMP）、喹诺酮类（如恩诺沙星）。

（4）驱虫药　常见的包括左旋咪唑、伊维菌素、吡喹酮、硫双二氯酚、盐霉素、地克珠利、溴氰菊酯等。

（5）维生素类药物　各类脂溶性、水溶性维生素。

（6）灭鼠药物　包括磷化锌、敌鼠钠盐、杀鼠速等各种灭鼠药。

（7）饲料抗氧化、防霉变药物等。

131.　兽药计量单位有哪些？如何换算？

在畜禽疾病治疗中，用药剂量过大或过小都不能有效地达到治疗的目的。药物的含量、计量单位及其换算关系，对正确合理用药、降低耐药性、降低养鸭成本、减少或避免对生态环境的污染具有重要意义。兽药计量单位及使用计算如下。

（1）兽药的含量与标示量

①兽药的含量：是指药物中所含有效成分的多少，一般采用化学、物理或生物测定方法来分析。含量测定是评价药物质量的重要内容。例如，10%氟苯尼考注射液，即 100 毫升中含氟苯尼考 10 克。

②兽药的标示量：是指该剂型单位剂量的制剂中规定的主药含量。如土霉素片的标示量为 0.25 克。

（2）兽药含量的计量单位　兽药的种类繁多，剂型各不相同，因此，必须有一个统一的计算方法。目前，有关药品的计量方法如下：

①以重量计量：主要用于粉剂和片剂等固体制剂，其表示法为

1千克（kg）＝1 000克（g）；

1克（g）＝1 000毫克（mg）；

1毫克（mg）＝1 000微克（μg）；

1微克（μg）＝1 000纳克（ng）。

②以容量计量：主要适用于注射剂等溶液制剂，其表示法为

1升（L）＝1 000毫升（mL）；

1毫升（mL）＝1厘米^3（cm^3）。

③以百分浓度计量：适用于固体和溶液制剂，溶液制剂表示每100毫升溶剂中含多少克药物，例如，5%的葡萄糖溶液，表示在100毫升溶液中含有葡萄糖5克；粉剂、散剂等固体制剂则表示每100克制剂中含药物多少克，例如，10%的环丙沙星散剂表示每100克散剂中含环丙沙星10克。

④以"单位"或"国际单位"计量：主要是用于某些抗生素、维生素、激素和抗毒素类生物制品的使用单位。

A. 抗生素，抗生素多用国际单位（IU）表示，有时也以微克、毫克等重量单位表示，如青霉素G，1国际单位（IU）＝0.6微克青霉素G钠纯结晶粉或0.625微克钾盐，80万国际单位青霉素钠应为0.48克；1毫克制霉菌素＝3 700单位（U），1毫克杆菌肽＝40单位（U）。

B. 维生素，维生素A、维生素D、维生素E一般用国际单位（IU）表示，其他维生素则以重量单位表示。1国际单位（IU）维生素A＝0.3微克维生素A醇＝0.344微克维生素A醋酸酯；1国际单位（IU）维生素D＝0.025微克结晶维生素D$_3$的活性；1国际单位（IU）维生素E＝1毫克DL-2生育酚醋酸酯。在实际应用中，维生素B$_1$、维生素B$_2$常用重量作单位。

C. 激素与酶，在饲料中添加酶制剂，常用酶活性单位（FIU）表示，用含有的活性单位去换算用量。激素用国际单位（IU）表示，各种激素1国际单位折合国际标准制剂的重量为黄体酮1毫克、绒毛膜促性腺素0.1毫克、垂体激素0.5毫克、促乳激素0.1毫克。

D. 抗毒素，通常以能中和100单位毒素的量，作为1个抗毒素单位。

（3）常用兽药剂量表示法

①畜禽个体给药每千克体重×毫克表示法：即每千克体重畜禽应用药物的质量，如环丙沙星注射液的剂量为：一次量，鸡每千克体重10毫克肌内注射，一天2次，连用2～3天。应用时应根据个体的重量，计算出总的用药量，如体重为2千克的鸡，1次注射20毫克。

②毫克/只（头）：有时畜禽的个体给药其剂量也用毫克/只（头）来表示，即每只（头）畜禽应用药物的1次量。

③百分浓度（％）：以饲料或水为100，所含药物为百分之几，即称百分浓度。如强力霉素0.04％拌料，即为100克饲料中含强力霉素0.04克，或0.02％饮水，100毫升水中含药0.02克，也即为4克药物/10千克饲料或2克药物/10升水。

（4）常用兽药剂量计算方法　在兽药使用剂量计算过程中，必须先弄清药物含量的重量、容量，国际单位与毫克之间的换算，千万不要混淆，下面举例说明。

①某养猪户利用环丙沙星治疗猪下痢，使用环丙沙星注射液，剂量为每千克体重2.5毫克，药物规格含量2.5％，10毫升（含0.25克）。如55千克的猪，则需药量为：2.5×55＝137.5毫克。计算该注射液中环丙沙星含量为25毫克/毫升，需该注射剂的体积是137.5/25＝5.5毫升。55千克的猪应注射5.5毫升环丙沙星。

②某养鸡户在治疗大肠杆菌病时，使用10％的氟苯尼考粉。已知100克拌200千克饲料，如500只鸡，每只鸡采食量是0.25千克，则按说明书计算需要药物重量为：500×0.25×100/200＝62.5克。即称10％的氟苯尼考粉62.5克，与125千克饲料充分混合均匀，直接饲喂。也可根据说明书直接按100克药拌饲料200千克。

③某养猪户利用过氧乙酸溶液进行猪舍消毒，一般用过氧乙酸浓度为0.3％～0.5％，而市售的过氧乙酸浓度为20％。具体配制方法如下：如喷雾器容积为25升，要配0.3％的溶液需要100％的过氧乙酸的体积是25×0.3％＝0.075升。市售的过氧乙酸是20％，所以配制时，所需20％过氧乙酸的体积应为0.075×100/20＝0.375升。0.3％过氧乙酸溶液配制，按25升计算，取浓度为20％过氧乙酸0.375升，与25升水混合均匀即成。

④国际单位与毫克的换算，一般抗生素 1 毫克约等于 1 000 国际单位，即 10 毫克等于 1 万国际单位。如治疗鸡大肠杆菌病时，使用庆大霉素，其规格 2 毫升/支（含 8 万国际单位）。若用其饮水，使用剂量为每千克体重 10 毫克，而制剂含量标注为 8 万国际单位。在实践中，可以 1 万国际单位换算成 10 毫克，1 支庆大霉素（2 毫升含 8 万国际单位），可供体重 1 千克的鸡 8 只饮水用。

132. 不同给药途径之间的剂量关系是什么？

鸭群药物的给药途径主要有 3 种。

（1）内服给药　优点是省时省力，缺点是每只鸭得到的剂量不均匀、减食或不食的鸭不能得到足够的剂量。内服给药又分为混饲和饮水给药。鸭的饮水量一般为食料量的 1.5～2.5 倍，可以根据吃料量计算饮水量，夏季按照饮水量是吃料量的 2～2.5 倍计算，冬季按照 1.5～2 倍计算。根据以上关系就可以计算出混饲或饮水给药一天所需的剂量。一天的总剂量可以根据所用药的性质一次或分两次给药，每次给药时间控制在 3～4 小时为宜，可以将一天的剂量一次或分两次混于 3～4 小时的饮水量或饲料量中，也可以依据季节不同在用药前停饲或停水 1～2 小时，特别是溶于水后易失效的药物（如青霉素类）更应停饲或停水，对于这样的药物也可以将一次给药的剂量分 2 次溶于水连续饮完。

（2）注射给药　常用的注射给药主要有静脉注射、肌内注射和皮下注射。

（3）呼吸道给药　气雾剂型药物可通过呼吸道吸收。

一般情况下，内服给药剂量大于注射给药，因为内服给药的吸收受家禽排空率、pH、胃肠内容物的充盈度的影响，因此内服给药的量比注射给药要大些。

133. 肉鸭用药注意事项有哪些？

（1）根据药物特性，妥善保存　确保药物质量和用药安全。在养禽场，常用的消毒药、内服药、药物添加剂等，一定要按照药物的性状特征专门设柜，分开保存，专人管理，以免贮存不当，误用药物，引起禽群中毒或死亡。另外在存放药物时，还应注意有些药物对温度、避光、湿度、防氧化等条件的要求，以免贮存失效。

（2）**使用有效期内的药物**　在购买或使用药品时，首先要注意有无批准文号和批号，是否属于正规厂家生产的产品，谨防假冒。要检查药物是否在有效期内，即使在有效期内，还要注意药物的保存是否符合条件及药物有否结块等异常情况。如没有按要求保存或出现异常情况，这些药物最好不要用，或者通过药物检验机构检验合格再使用。

（3）**注意给药的剂量、时间、次数和疗程**　为了达到预期的效果，减少不良反应，用药剂量应当准确，并按规定时间和次数给药。有些药物的剂量要求比较严格，如磺胺类药物，剂量稍大或饲喂时间过长，都会引起中毒。

（4）**选择最适宜的给药方法**　根据用药的目的、病情缓急及药物本身的性质来确定最适宜的给药方法。如预防用药，一般是拌料或饮水等，这样省工省时；如个别治疗用药，一般是口服或注射，这样用药量准确、效果确实。

（5）**对症用药，不可滥用**　每一种药物都有它的适应证，如果用错了，不但造成浪费，还会造成药害，甚至危及禽的生命。对病禽用药，首先应弄清疾病的种类，弄清病原及其对药物的敏感性；条件许可时，尽可能根据药敏试验结果，并根据病禽症状的轻重缓急来选择敏感、疗效确实、不良反应少、经济便宜、本地易购的药物。

（6）**联合用药，注意配伍禁忌发生**　两种以上的药物在同一时间配伍使用，其效果要比单用某种药物好些。但是，在许多情况下，配合不当可能出现减弱疗效、增加毒性的变化，这种配伍变化属于禁忌，必须避免。

134.　什么叫重复用药?

在一定的时间内，反复使用同一药物，以维持在鸭体内的有效浓度，使药物持续发挥作用，称为重复用药。重复给药的间隔时间和剂量，取决于药物的半衰期和鸭的病情。一般情况下，重复给药必须至病鸭症状消失之后方可停药。但重复给药时间已经很长而病情没有明显好转时，一定要考虑改换他药，以免产生耐药性和蓄积中毒。重复用药有1天1次或1天2~3次，也有的数天1次，以维持血中有效血药浓度。

135. 什么叫联合用药？

为了获得更好的疗效，常将两种药物配伍使用。两种或两种以上的药物联合使用，称为联合用药或配伍用药，其目的在于增强疗效或减少药物的不良反应、治疗不同的症状或并发症。

(1) 协同作用 两药合用后，能使药效增加的称协同作用，如磺胺类药物与抗菌增效剂甲氧苄氨嘧啶合用，其抗菌作用大大增强。

(2) 颉颃作用 两药合用后药效减弱，称为颉颃作用。如阿托品能与M-受体结合而对抗毛果芸香碱的作用。

136. 常用给药途径有哪些？注意事项是什么？

不同的给药途径能影响药物的吸收速度，因而也影响药物作用的快慢。个别药物也因给药途径不同，甚至影响药物作用的大小。鸭由于个体小，大都集约化饲养，其给药方法不同于其他动物，因此，要根据病情，选择适当的给药途径。

(1) 常用的给药方法

①经口给药：此法适用于鸭群体小，在病重时不食不饮，必须逐只经口投药，此法是用注射器或合适的胶管直接注入嗉囊。虽然操作费工费时，但剂量准确，效果可靠。

②注射给药：药物通过皮下、肌内和静脉注射进入体内，其优点是剂量准确，效果可靠，常用于紧急治疗。

③吸入给药：气体或挥发性药物以及气雾剂可用此法。其特点是

作用快而短暂，且给药方法简便。此法常用于某些呼吸道疾病和大规模养鸭场气雾免疫。

④体表用药：主要是发挥药物的局部作用，以治疗皮肤损伤或消灭体表寄生虫等。

⑤饮水给药及混饲给药：在集约化养鸭场，用于群体防治疾病时，饮水给药及混饲给药是常用的给药方法。

（2）注意事项

①针对性用药：不同疾病，用药不一样，要针对性地选择药物，不可滥用，否则会产生抗药性。

②用药拌料时混合要均匀：这样才能使所有鸭吃到大致相等的药物，防止个别鸭超量中毒。

③选择适宜的剂量：剂量小，疗效不可靠，且易导致耐药菌株的产生；剂量大，既造成浪费，又会产生毒副反应和药物残留。

④合理的疗程：一般 3～5 天为一疗程，用药时间过短，起不到彻底杀灭病菌的作用，用药时间过长，同样会造成浪费和残留。

⑤注意休药期：根据药物残留特性，在屠宰前要有足够的时间停药，以免药物残留于肉食品内。

137. 给药途径对药物作用有何影响？

大多数药物需进入血液分布到作用部位才能发生作用。药物自给药部位进入全身血液循环的过程为吸收，吸收速度的快慢及吸收数量的多少直接影响药物的起效时间及强度。其中给药途径是决定药物起效时间及强度的重要因素之一。给药途径不同，则药物吸收快慢亦不同，其吸收快慢顺序除静脉注射外是：腹腔注射＞吸入＞舌下＞直肠＞肌内注射＞皮下注射＞口服＞皮肤。给药途径不同，其吸收程度又不同，因而使药物作用强度不同。药物经不同给药途径所致的吸收程度是：吸入、舌下、直肠、肌内注射较为完全，口服次之，皮下较差；皮肤表面吸收程度最差，一定要脂溶性特别高的药物才能通过此途径较好地吸收。而胃肠道给药，影响因素较多，包括有首过消除的影响等，使药物吸收程度有所不同。

138. 什么是配伍禁忌？

有些药物一起使用时，由于配合不当，可能出现疗效减弱甚至毒性增加的变化。这种配伍变化属于配伍禁忌，必须尽量避免。药物的配伍禁忌可分为物理性（产生潮解、液化或析出结晶等物理变化）、化学性（呈现沉淀、产气、变色、燃烧甚至发生爆炸及肉眼看不到的水解等化学变化）和药理性（药理作用互相抵消或使毒性增加）。临床开写处方时，特别是多种注射液合并用药时应绝对避免这些现象。如注射用青霉素配用碳酸氢钠注射液稀释时，出现混浊沉淀。

139. 肉鸭饲养中常用的大环内酯类抗生素有哪些？

（1）红霉素 为白色或类白色的结晶和粉末，其乳酸盐易溶于水。抗菌谱类似于青霉素，对革兰氏阳性菌如金黄色葡萄球菌、链球菌、肺炎球菌、梭状芽孢杆菌等有较强的抗菌作用，对革兰氏阴性菌如巴氏杆菌有较弱作用。对家禽的慢性呼吸道病（败血支原体病）有较好疗效。

（2）泰乐菌素 临床上常将泰乐菌素制成酒石酸盐和磷酸盐，本品对革兰氏阳性菌、支原体、螺旋体等均有抑制作用，对大多数革兰氏阴性菌较差，临床上主要用于防治支原体感染，也可用于浸泡种蛋以预防支原体传播。

（3）替米考星 由泰乐菌素的一种水解产物半合成的畜禽专用抗生素，药用其磷酸盐。具有广谱抗菌作用，对胸膜肺炎放线杆菌、巴氏杆菌及畜禽支原体具有比泰乐菌素更强的抗菌活性。

（4）北里霉素 为淡黄色粉末，难溶于水，其酒石酸盐易溶于水。抗菌谱与红霉素相似，对革兰氏阳性菌有较强的抗菌作用，对耐药金黄色葡萄球菌的作用优于红霉素、四环素。对某些革兰氏阴性菌、支原体、立克次体、螺旋体等也有效。临床上用于防治革兰氏阳性菌所致的感染尤其是用于治疗支原体病。此外，小剂量还具有促进生长和提高饲料转化率的作用。

140. 肉鸭饲养中常用的磺胺类药物有哪些？

（1）磺胺嘧啶（SD）　血药浓度容易维持在比较恒定的有效水平，进入脑脊髓中浓度是磺胺药中最高的一种。毒性小，排泄慢。对溶血性链球菌、葡萄球菌、脑膜炎球菌、巴氏杆菌、大肠杆菌、痢疾杆菌、李氏杆菌均有抑制作用。临床上应用于上呼吸道感染、流行性脑膜炎、泌尿道感染及急性痢疾的治疗。

（2）磺胺二甲嘧啶（SM2）　与磺胺嘧啶作用相似，口服较磺胺嘧啶吸收迅速、完全，排泄较慢，毒性较低。常用于巴氏杆菌病、呼吸道及消化道感染，亦可用于防治球虫病。

（3）磺胺-6-甲氧嘧啶（SMM）　属长效磺胺药，抗菌活性高，不易引起结晶尿和血尿；口服吸收快而完全，血药浓度较高，维持时间亦较长，每日只需给药1次，不需并用碳酸氢钠。适用于细菌性痢疾、肠炎、蜂窝织炎、球虫病等的治疗。

（4）磺胺甲基异噁唑（SMZ）　抗菌作用较其他各种磺胺药强，内服吸收慢，排泄也慢，临床应用范围相当广，疗效显著；常用于呼吸道、消化道和泌尿道感染。与磺胺增效剂（TMP）合用可提高疗效数倍至数十倍。复方新诺明片，每片含SMZ0.2克、TMP0.08克。

（5）磺胺脒（SG）　口服后吸收较少，药物在肠道的浓度高，对肠道细菌的作用较强。主要用于治疗细菌性痢疾、肠炎、白痢、球虫病等。

141. 肉鸭饲养中的喹诺酮类药物有哪些？

（1）环丙沙星　为淡黄色结晶性粉末，易溶于水。抗菌谱与氟哌酸相似，对革兰氏阳性菌和阴性菌都有较强的作用；对绿脓杆菌、厌氧菌有较强的抗菌活性；用于敏感菌引起的感染。

（2）恩诺沙星　为类白色结晶性粉末，无臭，味苦。抗菌谱广，抗霉形体作用优于泰乐菌素和黏杆菌素，主要用于犊牛大肠杆菌、鼠伤寒沙门氏菌感染；仔猪白痢、黄痢、仔猪水肿病；家禽的各种支原

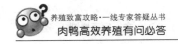
体病及大肠杆菌感染。

（3）达氟沙星　为白色至淡黄色结晶性粉末，味苦，易溶于水。为广谱、高效、低毒抗菌药，对革兰氏阳性菌、革兰氏阴性菌及支原体有显著作用，对呼吸道感染有特效。常用于禽霍乱、猪红痢、黄痢、白痢及各种畜禽的呼吸道感染，对金黄色葡萄球菌和 β-溶血性链球菌造成的混合感染有效。

142.　阿莫西林常用于哪些疾病？

阿莫西林又名羟氨苄青霉素，在胃酸中较稳定，对革兰氏阴性菌如大肠杆菌、变形杆菌、沙门氏菌、嗜血杆菌和巴氏杆菌等具有较强作用，对金黄色葡萄球菌、绿脓杆菌无效。常用于治疗细菌性呼吸道、肠道疾病，如气管炎、支气管炎症、大肠杆菌病、白痢。

143.　什么是消毒药？什么是防腐药？二者有何区别？

消毒药是指能迅速杀灭病原微生物的药物。防腐药是指能抑制病原微生物生长繁殖的药物。它们之间没有严格的界限，消毒药在低浓度时仅能抑菌，而防腐药在高浓度时杀菌。此两种药通常不作全身用药。主要用于杀灭或抑制动物体表、器械、排泄物及周围环境的病原微生物。

144.　理想的消毒防腐药应具备哪些条件？

（1）作用快且作用强。
（2）性质稳定，可溶于水。
（3）具有安全性，不易燃、不易爆。
（4）便宜、易找（价廉易得）。

145.　消毒防腐药的作用机理是什么？

（1）使菌体蛋白凝固或变性　此类药物多为原浆毒，能使微生物的原浆蛋白质凝固或变性而杀灭微生物，如酚类、醇类、醛类和重金属盐类。

（2）改变菌体胞浆膜的通透性 通过改变细胞膜表面张力，增加其通透性，引起胞内物质漏失，水分向菌体内渗入，使菌体破裂或溶解，如新洁尔灭、洗必泰。

（3）干扰病原体的酶系统 通过氧化还原反应损害酶的活性基团，或因其化学结构与菌体内代谢物相似，竞争与非竞争地与酶结合，抑制酶的活性，引起菌体的死亡，如重金属盐类，氧化剂类和卤素类。

146. 常用消毒方法有哪些？

（1）喷洒消毒 将消毒药用水稀释成合适的浓度来喷洒消毒，主要用于畜禽舍、笼具、饲养场地、运输工具及排泄物，周边环境的消毒。

（2）熏蒸消毒 一般用甲醛和高锰酸钾混合后发生反应，产生的气体具有强烈的刺激性气味来达到消毒的目的，多用于密封舍的消毒和种蛋消毒。熏蒸消毒必须有较高的室温和相对湿度，室温不低于 15℃，相对湿度为 60%～80%，消毒时间为 8～10 小时。

（3）饮水消毒 将消毒剂稀释到合适的浓度，即将消毒药加入一定量的水中，让畜禽自由饮用，来消除肠道病菌。

（4）浸泡消毒 用于浸泡用具、器械的消毒。

147. 消毒的种类有哪些？

（1）用于周围环境、用具、器械的消毒 如甲酚，5%～10%溶液用于浸泡场地、排泄物的消毒；1%～2%用于皮肤及手的消毒；0.5%～1%用于口腔、直肠黏膜的冲洗。甲醛多用于熏蒸消毒；氢氧化钠以 2%的热溶液泼洒场地厩舍消毒；优氯净、百毒杀、复合酚多以喷洒消毒。

（2）用于皮肤、黏膜消毒药　如乙醇：70％～75％的乙醇杀菌力最强，主要用于皮肤、手术部位、体表、注射针头等的消毒，在急性关节炎、腱鞘炎等也可用浓乙醇涂擦和热敷。碘：2％～5％碘酊做手术部位、注射部位的消毒；碘甘油涂布口腔黏膜，用于口炎、咽炎。硼酸：2％～4％溶液冲洗各种黏膜、创面、眼睛；3％硼酸甘油涂抹口腔及鼻黏膜炎症。

（3）用于创伤的防腐消毒药　如新洁尔灭：0.05％～0.1％溶液用于外科手术前洗手浸泡；0.1％溶液用于皮肤消毒、霉菌感染及器械消毒。高锰酸钾：0.05％～0.1％溶液用于肠道冲洗及洗胃；0.1％～0.2％溶液用于冲洗创伤。过氧化氢溶液：0.3％～1％溶液用于冲洗口腔或阴道；1％～3％溶液清洗深部创伤。

148. 消毒防腐药使用时应遵循什么原则？

消毒防腐药使用时应遵循的原则如下。

（1）掌握适当的浓度　一般是配成溶液使用，其浓度和作用时间应符合规定的要求。一般来说，药物的浓度越高，作用时间越长，作用越强；但对鸭体表的刺激也越大。因此，一定要掌握适当的浓度和作用时间。

（2）消毒场所要打扫干净　消毒防腐药必须与病原体直接接触，才能发挥最大效力。故应用这类药物前，一定要将消毒场所打扫干净，防止有机物影响消毒效果。

（3）掌握药液温度　消毒防腐药液温度对消毒效果有影响，一般每增加10℃，杀菌作用约增强1倍。所以，对于加热后不被破坏的消毒防腐药物如氢氧化钠等，可用热的水溶液效果好。

（4）注意病原微生物的敏感性　病原微生物的种类不同，消毒防腐效果也不一样，所以，在实际应用时，要针对病原微生物的特性，选用效果最佳的药物。如病毒对碱类很敏感，对酚类的抵抗力很强。

此外，还要注意消毒环境的温度、干湿度、酸碱度等，都与消毒效果密切相关。

149. 鸭舍常用消毒防腐药有哪些?

(1) 氢氧化钠（烧碱、苛性钠）　本品为含氢氧化钠 94% 左右的粗制品，是强消毒剂，能杀灭所有微生物（细菌、病毒和芽孢）和寄生虫卵。其杀菌作用与温度有关，温度高则杀菌作用强。常用于预防病毒性或细菌性传染病的环境消毒或污染鸭场的清理消毒。常用 2%～4% 的热溶液来消毒鸭舍，饲料槽、非金属器具、运输工具及车辆等；鸭舍的出入口处消毒池和周围环境可用其 2%～3% 的溶液消毒。

因为本药有很强的腐蚀性，消毒时要十分小心。应将鸭移出鸭舍，消毒后间隔半天，用水冲洗地面用具后，再移入鸭。金属纺织品器具禁用本药，使用时应注意安全保护皮肤和衣物。

(2) 甲醛（蚁醛）　本品为无色而有明显刺激性的气体，易溶于水，常用的 40% 甲醛溶液又称福尔马林，长期贮存或置于冷处，可因聚合作用而发生混浊沉淀，常加入 10%～12% 的甲醇或乙醇，防止甲醛的聚合变性。甲醛在气态或溶液状态下，均能凝固蛋白和溶解类脂质，还能与蛋白质分子中的氨基结合而使蛋白质变性，因此具有强大的广谱杀菌作用，对细菌、芽孢、霉菌和病毒均有效。常用于污染的鸭舍、用具、排泄物及室内空气的消毒，以及器械、标本、尸体的消毒防腐，还可用于种蛋的消毒。

2% 福尔马林（0.8% 甲醛）用于器械消毒，0.25%～0.5% 的甲醛溶液常用于鸭舍、孵化室等污染场地的消毒。熏蒸消毒法用量：每立方米空间需要甲醛溶液 15～30 毫升，放置在陶制容器中或玻璃器皿中加等量水加热蒸发，或加高锰酸钾（2：1），即 30 毫升甲醛溶液加 15 克高锰酸钾氧化蒸发。蒸发消毒 4～10 小时，室温不应低于 15℃，否则消毒作用减弱。

(3) 生石灰（氧化钙）　本品为灰白色块，加水后分解，释放大量热，变为粉末状熟石灰。是价廉易得的良好消毒药，对大多数繁殖型细菌有较强的杀灭作用。一般加水配成 10%～20% 的石灰乳液，涂刷鸭舍的墙壁，寒冷地区常撒在地面、粪池及污水沟或鸭舍出入口

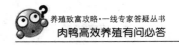
作消毒用。配法是生石灰和水各 1 千克混合，使成熟石灰（氢氧化钙），再加水 8 千克即成 10% 的乳剂。

生石灰必须在有水分的情况下，才能发挥消毒作用。需加入生石灰重量 70%～100% 的水，使之成为疏松的熟石灰粉末才能杀菌。但熟石灰可以从空气中吸收二氧化碳变成碳酸钙沉淀而失效，所以石灰乳宜现配现用。本品有一定的腐蚀性，消毒待干后才能使用。

（4）二氯异氰尿酸钠（优氯净、抗毒威）　本品含有效氯 60%～64%，为新型广谱高效消毒药，可杀灭多种细菌、病毒、真菌孢子及细菌芽孢，并有净水、除臭、去污等作用。常用于饮水和食品加工厂的器具、容器和食具、鸭舍、地面、运动场及排泄物消毒，带鸭消毒，孵化室、种蛋消毒及环境消毒，运输工具消毒等。0.5%～1% 溶液可用于杀灭细菌与病毒，消毒用具可用喷洒、浸泡、擦拭等方法进行（15～30 分钟）；地面可用 5%～10% 的溶液杀灭细菌芽孢（1～3 小时），其干粉可用于粪便消毒，用量为粪便的 1/5；场地消毒为每平方米用 10～20 毫升，作用 2～4 小时，冬季气温在 0℃ 以下时，用 50 毫升，作用 16～24 小时以上；消毒饮水时，每升水用 4 毫克作用 30 分钟。本品应现用现配，对金属及衣物有轻度腐蚀性，对组织（皮肤和黏膜）有一定刺激性，消毒人员应注意防护。

（5）三氯异氰尿酸　本品含有效氯 85% 以上，在水中溶解度约为 1.2%，是一种极强的氧化剂与氯化剂，为新型、广谱、高效、安全的消毒剂，对细菌、病毒、真菌和芽孢有强大的杀灭作用。可用于环境消毒，带鸭消毒，饮水消毒及饲养用具消毒等。饮水消毒，每升水用 4～6 毫升；其余用 0.02%～0.04% 溶液喷洒消毒。使用时注意避免与碱性或酸性液体混合，否则会分解失效。

150. 器具常用消毒药有哪些?

（1）过氧乙酸　本品为无色透明液体，易溶于水和有机溶剂。呈弱酸性，易挥发、有刺激性气味，并带有醋酸味，高浓度加热易爆炸，低于2%浓度无此危险，市售品为20%溶液。有效期为半年，但稀释液只能保持药效3～7个月，一般现用现配。本品属强氧化剂，是高效速效消毒防腐药，具有杀菌作用快而强、抗菌谱广的特点，对细菌、病毒、霉菌和芽孢均有效。0.05%～0.5%溶液1分钟内能杀死芽孢，0.05%～0.5%溶液1分钟内可杀死细菌。本品可用于耐酸塑料、玻璃、搪瓷和用具的浸泡消毒，还可用于鸭舍地面、墙壁、食槽的喷雾消毒和室内空气消毒。

市售过氧乙酸溶液浓度为20%，0.04%～0.2%溶液用于耐酸用具的浸泡消毒。0.05%～0.5%的溶液用于鸭舍及周围环境的喷雾消毒。注意：本品稀释后不宜久贮（1%溶液只能保持药效几天）。本品对组织有刺激性和腐蚀性，对金属也有腐蚀作用，故消毒时应注意自身防护，避免刺激眼、鼻黏膜。

（2）漂白粉（含氯石灰）　本品为白色粉末，含有效氯25%～30%，有氯气臭味，具有较强的消毒杀菌能力，能杀死细菌、病菌和芽孢，在酸性环境中杀菌作用强，碱性环境则作用减弱。按每立方米体积水中加入5～10克漂白粉，作饮水消毒，隔30分钟可供饮用。用1%～3%的现配溶液消毒非金属用具（如食具、饲槽、饮水器等）。用10%～20%的现配溶液消毒鸭舍、粪池、车辆及排泄物。本品应现配现用，对金属及衣物有轻度腐蚀性，对组织（皮肤和黏膜）有一定刺激性，消毒人员应注意防护。

（3）新洁尔灭（溴苄烷胺）**溶液**　本品市售有1%、5%、10%3种溶液。临用时用水稀释，为常用的阳离子表面活性剂，兼有杀菌和清洁去污两种作用。抗菌范围较广，杀菌力强而快，对多数革兰氏阳性菌、阴性菌均有杀灭作用，但对病毒效果较差，也不能杀死结核杆菌和霉菌，还有脱脂、去污等作用，有助于皮肤和器械的消毒。常用0.1%溶液消毒手（浸泡5分钟）、蛋壳、皮肤、手术器械和玻璃、搪瓷等器具（浸泡30分钟以上）。0.01%～0.05%溶液用于创伤黏膜（泄殖腔和输卵管脱出）和感染伤口的冲洗消毒。0.15%～0.2%的水溶液用于鸭舍空间喷雾消毒。本品不宜与阴离子表面活性剂如肥皂、洗衣粉及过氧化物、碘、碘化钾等配合使用。浸泡消毒时，药液一旦混浊，需更换。

151. 带鸭消毒常用药物有哪些？

（1）百毒杀 本品有 10% 和 50% 的溶液，为双链季铵盐高效表面活性消毒剂，能迅速渗入胞浆膜，改变细胞膜通透性。因此，有速效、强效、长效的杀菌作用。低浓度对多种病毒、细菌、霉菌、真菌和寄生虫卵均有杀菌作用，并有除臭、清洁作用。可用于鸭群饮水消毒、带鸭消毒，还可用于传染病发生时的紧急消毒。以 10% 的百毒杀为例，日常饮水时，每 10 升水加 2.5～5 毫升，可长期或定期使用；发生传染病时饮水消毒，应加大剂量，按每升水 5～10 毫升，连用 7 天。平时的鸭舍、环境、用具等可用喷雾、刷洗和浸泡等消毒方法，每 10 升水加 15 毫升；当有病毒性或细菌性传染病时，则用量加倍为 30 毫升；种蛋消毒时，每 10 升水加 15 毫升用于喷雾消毒。本品不可超量应用，避免中毒。

（2）威力碘（络合碘溶液） 本品为含 0.5%～0.7% 有效碘的络合碘溶液，具有特异性碘气味。本品对细菌及芽孢和病毒均具杀灭作用，可用于鸭舍、鸭群体表（带鸭消毒）、创伤和手术器械的消毒，也可用于饮水、种蛋、鸭笼器具、孵化器消毒。

①喷雾消毒：1∶（60～200）倍稀释后可用于带鸭喷雾消毒；

②饮水消毒：1∶（200～400）倍稀释供饮水用；

③浸泡消毒：1∶200 倍稀释液供种蛋浸泡消毒 10 分钟；

④孵化器具消毒：孵化器具可按 1∶100 倍稀释后浸泡或洗涤消毒；

⑤涂擦消毒：对鸭体表癣可按 1∶20 倍稀释后带鸭喷雾，或用原液直接涂擦患部。

（3）其他常用带鸭消毒药物 用于带鸭消毒的药物还有 0.1% 的新洁尔灭、0.2%～0.3% 的过氧乙酸、0.2%～0.3% 的次氯酸钠、0.2% 的二氯异氰尿酸钠（优氯净、抗毒威）、150 毫克/升的百毒杀等。

152. 提高鸭场消毒效果的措施有哪些？

（1）带禽喷雾消毒 喷雾消毒的消毒药要选用无毒无害、无腐蚀性、黏附力强、消毒面广的消毒剂，如 0.03％消毒王溶液、2.5％喷雾灵 500 倍稀释、10％百毒杀 600 倍稀释进行喷雾消毒，一般每 7～10 天喷雾消毒 1 次，雾粒在 50～80 微米，用量每立方米 50 毫升，喷雾消毒应在中午温度较高时进行，喷雾使用的消毒剂至少每月更换 1 种。在接种活疫苗的前后 3 天不得进行喷雾消毒。

（2）饮水消毒 一般 10％百毒杀 3 000 倍稀释、2.5％喷雾灵 5 000倍稀释，抗毒威 5 000 倍稀释，可进行饮水消毒，投放消毒剂的饮水要混匀，并且静置 3～5 小时后再让家禽饮用。

（3）饲料消毒 对于玉米、小麦、豆粕、麸皮等植物性饲料原料，可在阳光下暴晒，利用太阳光的紫外线杀死病原微生物。对于鱼粉、虾粉等动物性饲料原料，可利用高温烘干或蒸制等方法进行消毒。

（4）做好垃圾、家禽粪便和病死家禽的消毒处理 垃圾、垫料、家禽粪便不能乱堆。应在家禽舍的下风污道端用水泥砌成3～4 个无害化处理池。坚持每天将禽舍内的垃圾、垫料、粪便清理出来，堆集到无害化处理池内。池堆满后，压实，用塑料薄膜覆盖堆积发酵 21 天。对于病死家禽，可在离禽舍 100 米以外，选择远离交通要道、水源的地方，采用焚烧的方法作无害处理。采用深埋处理，坑的深度应在 1.5 米以上、坑底铺垫生石灰，封盖时喷洒消毒药。家禽发病时消毒剂使用的浓度应是平时消毒浓度的 5 倍左右。如可用 10％浓度百毒杀 200 倍稀释或 2.5％喷雾灵 200 倍稀释，也可用抗毒威 150 倍稀释，进行喷洒消毒，每天 1～2 次，连续 5～10 天。对于发生一类传染病的禽群要按规定进行封锁、扑杀和消毒处理。

（5）进出人员和车辆的消毒 饲养人员进入禽舍前，要洗澡、更衣，穿着已消毒过的工作服和鞋帽。运输车辆，在装货前和卸货后，应由专门的消毒人员对车厢、车轮进行消毒，进入家禽饲养环境时必须经过消毒池。

（6）空舍消毒 家禽进舍前 1 个月前进行环境消毒，必须对禽舍内外环境进行清洁、清除和冲洗，顺序应由上而下、由里而外，反复 2～3 次，确保无死角。在清洗干净的基础上，可用 3％～4％浓度的氢氧化钠溶液对屋面、墙壁、地面、场地进行喷洒消毒。间隔 2 天冲洗干净后，再用 0.3%～0.5% 浓度的过氧乙酸溶液喷洒消毒 1 次，2 天后再冲洗干净。最后，用中性的 0.05% 消毒王喷洒消毒 1 次。对于不耐腐蚀的禽笼、食槽、水槽、料桶、水桶、扫把等器具，用 1% 双季铵碘 600 倍稀释或 10% 百毒杀 600 倍稀释进行浸泡消毒 1～2 天。对于易腐蚀的金属笼具亦可用火焰消毒。育雏室在进雏前 1 周，把全部育雏设备、养禽设备、用具、工作服、垫料等放入禽舍，用甲醛熏蒸消毒。

153. 高锰酸钾的用途有哪些？使用时应注意什么问题？

（1）高锰酸钾溶液的用途有

①饲具消毒用：0.05% 的高锰酸钾溶液，既可对饮水器、食槽等饲具进行浸泡消毒，也可用作青绿饲料、入孵种蛋的浸泡消毒。

②预防感染用：0.05%～0.2% 的高锰酸钾溶液冲洗鸭体表面的扎伤、溃疡和伤口，可促进愈合；鸭群在采血前后饮用 0.01%～0.02% 的高锰酸钾水，可以消炎、止血。

③控制疾病用：0.01%～0.02% 的高锰酸钾溶液，给刚出壳头 3 天的小鸭每日饮用 1 次，可防治下痢；雨季喝脏水较多时，每日饮用 2 次，可预防胃肠炎；平时鸭群每周饮用 1～2 次，具有消炎、助消化等作用。肉鸭出现锰缺乏症时，每天饮用 2 次 0.01%～0.02% 的高锰酸钾水，可缓解病情。

（2）高锰酸钾使用时注意问题

①称量要准确，防止溶液浓度过大或过小，浓度过小效果不好，浓度过大易造成机体损伤。②用清洁水配制药液，不能用脏水、污水配制药液，也不能用热水配制药液，以免降低杀菌效果。③现配现用，不可久置。喷药后及时清洗药械，否则可能损毁药械。

154. 怎样配制消毒剂？

化学消毒剂使用前应认真阅读说明书，搞清消毒剂的有效成分及含量，看清标签上的标示浓度及稀释倍数。消毒剂均以含有效成分的量表示，如含氯消毒剂以有效氯含量表示，60％二氯异氰尿酸钠指原粉中含 60％有效氯，20％过氧乙酸指原液中含 20％的过氧乙酸，5％新洁尔灭指原液中含 5％的新洁尔灭。对这类消毒剂稀释时不能将其当成 100％计算使用浓度，而应按其实际含量计算。

（1）使用量以稀释倍数表示时　表示 1 份的消毒剂以若干份水稀释而成，如配制稀释倍数为 1 000 倍时，即在每 1 升水中加 1 毫升消毒剂。

（2）使用量以"％"表示时　消毒剂浓度稀释配制计算公式为：$C_1 \times V_1 = C_2 \times V_2$（$C_1$ 为稀释前溶液浓度，C_2 为稀释后溶液浓度，V_1 为稀释前溶液体积，V_2 为稀释后溶液体积）。

155.　粪便异常有哪些？常见于什么疾病？

（1）大便稀　临床上见于细菌、霉菌、病毒和寄生虫引起鸭的腹泻，如禽副伤寒、鸭疫巴氏杆菌、番鸭细小病毒病、绦虫、吸虫病等，也见于某些营养代谢病和中毒病，如维生素 E 缺乏症、有机磷农药中毒以及采食寄生在蔬菜、青草的蚜虫、蝶类幼虫引起的中毒等。

（2）大便呈石灰样　临床上多见于鸭痛风病，也可见于维生素 A 缺乏症和磺胺药中毒等。

（3）大便稀，带有黏液状并混有小气泡　临床上见于雏鸭维生素 B_2 缺乏症，或采食过量的蛋白质饲料引起的消化不良，以及番鸭细小病毒病等。

（4）大便稀，带有黏稠、半透明的蛋清或蛋黄样　临床上见于卵黄性腹膜炎、输卵管炎、产蛋鸭的前殖吸血病等。

（5）大便稀，呈青绿色　临床上见于鸭疫巴氏杆菌病、鸭肉毒梭菌毒素中毒及衣原体病等。

（6）大便稀，呈灰白色并混有白色米粒样物质（绦虫节片）　临床上见于鸭绦虫病。

（7）大便稀，并混有暗红色或深紫色血黏液　临床上见于鸭球虫病、鸭棘头虫病，有时亦见于禽霍乱。

(8) 大便呈血水样 临床上见于球虫病，有时也偶见于磺胺药中毒以及呋喃丹中毒和敌鼠钠盐中毒。

156. 为什么说人是重要传染源?

(1) 人的流动性大，与外界接触比较多，以及衣食住行，或多或少都会接触到病原微生物，很多传染病可以通过人作为中介而被带进鸭场感染鸭。

(2) 各种传染病的病程长短不一，人作为重要的传染源主要取决于他是否排出病原体，排出数量与频度及持续时间的长短。

因此，饲养人员应平时做好消毒工作，不得随意流动，采取全进全出的养殖方式，以减少感染机会。

157. 鸭群体给药法有哪些?

预防用药是规模养鸭场中经常使用的预防疾病的手段之一，合理正确的选药，可防治某些传染病的发生和发展，特别是针对目前还未研制出理想疫苗的疫病，如沙门氏菌病、曲霉菌病和球虫病及一些病毒病等。规模场因饲养量较多，很难逐只给药，而常采用群体给药，一般群体给药主要采用拌料给药和饮水给药。

(1) 拌料给药 常采用分级混合法，即将药物全量均匀地与少量饲料混匀，再逐步把饲料量加大混匀，直到把应加的饲料加完，充分混匀。大量饲料拌药更需多次逐步分级扩充，以达到充分混匀的目的。切忌把全部药量一次加入到所需饲料中。此外，还应准确计算用药量，准确称量。特别是一些安全范围较小的药物或用量较少的药物，一定要用量准确，充分混匀。

(2) 饮水给药 将能溶于水而且在水中短时间内不易失效的药物，加入饮水中让鸭饮用，尤其适用于鸭群发病时采食量下降而仍能饮水的情况。饮水给药除了注意拌料给药的一些注意事项外，对于一些在水中容易失效的药物，应要求鸭在一定时间内饮入定量的药物，以保证药效。因而，在用药前应让鸭群停止饮水一段时间，一般寒冷季节停饮 3～4 小时、夏季停饮 1～2 小时后，再换上加有药物的饮水。

158. 鸭个体给药法有哪些？

（1）**内服法** 指将药物的水剂、片剂、丸剂、胶囊剂及粉剂等，经口直接投入鸭的食管上端的方法。此法多用于用药次数较少或用药量需精确的情况。内服法的优点是给药剂量准确，并能让每只鸭都服入药物。但是，此法花费人工较多，易造成应激，适合于较小的鸭群。内服给药较注射给药吸收慢。应用内服法时，需将鸭只固定好后才投药，灌服药液时其药量不宜过多，插管不宜过浅，以防药液流入气管引起窒息死亡。

（2）**静脉注射法** 鸭只静脉注射的部位多采用肱静脉。注射时先将肱窝消毒，用左手压住静脉根部，使血管充血增粗，然后将盛有药液的注射器上的针头刺入静脉内，见有血回流，即放开左手，将药液缓缓注入即可。静脉注射的优点是可将药物直接送入血液循环而迅速产生药效，因而适用于急性严重病例、对药量要求准确及药效要求迅速的病例，需注射某些刺激性药物及高渗溶液时亦必须用此法，如氯化钙及解毒剂等。此法技术要求高，尤其是要求一次性注射成功。若注射药物时未注入静脉中，血液就会溢出，将会增加再次注射药物的难度。另外，药物的选择、稀释应严格按注射剂的要求，器具使用前要消毒。

（3）**肌内注射法** 优点是药物吸收较快，仅次于静脉注射，常应用于预防和治疗鸭类的疾病。肌内注射的部位有腿部外侧肌肉、胸部肌肉及翼根内侧肌肉，其中以翼根内侧肌内注射较为安全。胸肌注射，可选择肌肉丰满处进行，针头不要与肌肉表面呈垂直方向刺入，插入不宜太深，以免刺入肝脏或体腔引起死亡。刺激性较强的药液如氟苯尼考注射液、油乳剂疫苗等忌在其腿部注射，这些药物注入腿部肌肉后会使鸭腿长期疼痛而行走不便，影响鸭只采食，也会影响鸭的生长发育，应选在翅膀或胸部肌肉多的地方注射。当药液体积大时应在胸部肌肉丰满处多点注射给药，忌在一点注入，因鸭的肌肉薄，在一点注入药液过多，易引起局部肌肉损伤，也不利于药物快速吸收。注射时注意保定，以不紧不松为准，做到既牢固又不伤鸭，以免因其挣扎而造成针孔扩大，造成出血或药液流出，影响其疗效甚至造成刺入胸肺等重要部位而致内出血死亡。各种药剂进行肌内注射时，以水溶液吸收快，油溶液吸收慢，但使用油溶液可减少给药次数。如为刺激性的药物，应采用深部肌内注射。注射过程中，注意注射器具及注射部位的消毒。

（4）气管注射法 注射部位在鸭的喉下，颈部腹侧偏右，气管的软骨环之间。针头刺入后，应缓慢注入药物。此法可用于治疗鸭败血支原体病。

（5）嗉囊注射法 常用于注射对口咽有刺激性的药物或鸭只有暂时性吞咽障碍、张喙困难而又急需服药时，当误食毒药时也可通过嗉囊注射解毒药物。其方法是以左手提起鸭的两翅，使其身体下垂，头朝向术者前方。右手握针管将针头由上而向下内侧刺入鸭的颈部右侧，离左翅基部 1 厘米处的嗉囊内，即可注射。鸭嗉囊充满食物时，嗉囊注射法操作方便、速度快，给药量准确可靠；但是当嗉囊无任何内容物时，注射比较困难，因而适宜在饲喂后一定时间内注射。

（6）皮下注射 皮下注射法常用于家禽的免疫接种和疾病的治疗，其特点是药液吸收慢，作用时间长。注射药液较多时及油乳剂疫苗的注射均适用于皮下注射。皮下注射常选用于颈部皮下或翅膀、腿内侧皮下。

（7）滴鼻或点眼 当给雏鸭接种疫苗时，或有眼疾应用各种抗菌滴眼液时可采用此法。疫苗滴鼻的效果略优于点眼，但点眼比滴鼻安全，不易引起呼吸道疾病。

159. 常用的病毒性疫苗有哪些？

（1）重组禽流感病毒 H_5 亚型二价灭活疫苗 该苗为乳白色乳剂，2～8℃保存，有效期为 12 个月。用来预防家禽的流行性感冒。雏鸭 5 日龄进行首免，每只颈部皮下注射 0.5 毫升，如果饲养肉大鸭，可在 15 天后加强注射一次。

（2）鸭瘟活疫苗 冻干苗，有效期为 12 个月。肌内注射，按瓶签注明羽份，用生理盐水稀释，成鸭 1 毫升，雏鸭腿肌注射 0.25 毫升，均含 1 羽份。接种后 3～4 日产生免疫力，2 月龄以上鸭的免疫期为 9 个月。对初生鸭也可接种，免疫期为 1 个月。

（3）鸭病毒性肝炎弱毒疫苗 该疫苗为冻干苗，有效期为 12 个月，每只雏鸭 1 日龄颈背部皮下注射 2 羽份，3～5 天后产生免疫力。鸭病毒性肝炎病毒一般只感染 4 周龄以内的雏鸭。

（4）鸭减蛋综合征灭活疫苗 该疫苗在 2～8℃保存，有效期为 12 个月，在种鸭开产前 14～28 日肌内注射每只 0.5 毫升。

160. 常用的细菌性疫苗有哪些？

（1）鸭疫巴氏杆菌-大肠杆菌多价二联蜂胶灭活疫苗 用来预防鸭传染性浆膜炎和鸭大肠杆菌病。3 日龄雏鸭每只颈部皮下注射 0.3～0.5 毫升；10 日龄左右的鸭每只注射 0.5 毫升；种鸭 20～25 日龄加强免疫一次，每只肌内注射 0.5 毫升，在开产前 2 周再免疫一次，每只肌内注射 1.0 毫升。在 2～8℃保存，有效期为 12 个月。

（2）禽霍乱氢氧化铝菌苗 本苗是预防禽霍乱的一种灭活苗，瓶装密封，每瓶 100 毫升，上层为黄褐色澄明液，下层为灰白色沉淀。使用前振摇成均匀的混悬液，给 2 月龄以上的鸭肌内注射，每只 2 毫升，间隔 8～10 天后，可再注射 1 次，免疫效果好。

161. 什么是抗血清及卵黄抗体？

抗血清是按照一定的免疫程序给动物多次接种某种抗原（如病原微生物、疫苗等），使动物产生针对该抗原的高效价的抗体。通过采取被免疫动物的血液提取血清，经过处理制成的一类生物制品。抗血清主要用于传染病的治疗，也可用于紧急预防。

卵黄抗体是利用某种疫（菌）苗按一定程序反复免疫鸡、鸭、鹅等禽类动物，并检测其蛋品卵黄相应抗体滴度达到一定水平后，收集其被免疫禽的蛋品，并经特殊工艺收集其蛋黄所制成的一种生物制品，如新城疫卵黄抗体、传染性法氏囊炎卵黄抗体、鸭病毒性肝炎卵黄抗体等都属此类。它与高免血清一样只限用于相应疫病的治疗和紧急预防接种。

162. 怎样制作和保存鸭肝卵黄抗体？

采用雏鸭病毒性肝炎活疫苗，或用死于鸭病毒性肝炎的脏器组织灭活苗，免疫接种健康产蛋母鸭，2周后重复1次，待卵黄抗体达到一定效价时，收集鸭蛋，在无菌操作下取卵黄匀浆稀释过滤，制备而成高免卵黄抗体。性状为呈淡黄色卵黄混悬液。用于预防和治疗雏鸭病毒性肝炎。雏鸭预防量为每只皮下或肌内注射0.5毫升，治疗量为1～2毫升。放置在-15℃冷冻保存，2年内有效；2～8℃冷藏保存，3个月内有效。

163. 病原菌为什么会产生耐药性？

细菌对抗菌药物的耐药性又称抗药性，一般指细菌对药物反应降低的一种状态，可导致药物疗效降低或治疗失败。

耐药性产生的主要原因有：

（1）细菌本身因素　细菌可通过突变或获得耐药质粒而产生耐药性，一种细菌可通过多种耐药机制对抗菌药物产生耐药。

（2）抗菌药物广泛应用　自然界中存在的天然耐药菌只占少数，难与占大多数的优势敏感菌竞争，只有敏感菌因抗菌药物的选择作用而被大量杀灭后，耐药菌才能大量繁殖成为优势菌取代敏感菌的地位引起感染。

（3）盲目应用广谱抗菌药物　细菌的耐药方式和耐药率在鸭群间和地区间均不同，缺乏对本地区细菌耐药性的流行情况了解，盲目应用广谱抗菌药物导致耐药性的产生。

（4）缺少联合用药　缺少联合应用抗菌药物是耐药性产生的重要原因之一。

164. 抗生素是如何进行分类的？

按照抗生素的化学结构进行分类。

（1）**β-内酰胺类** 包括青霉素类、头孢菌素类、硫霉素、诺卡霉素。

（2）**四环素类** 包括四环素、土霉素、强力霉素、金霉素等。

（3）**氨基糖苷类** 包括链霉素、新霉素、庆大霉素、卡那霉素、丁胺卡那霉素等。

（4）**大环内酯类** 包括泰乐菌素、红霉素、罗红霉素、阿奇霉素、北里霉素、螺旋霉素等。

（5）**离子载体类**（又称聚醚类） 包括盐霉素、莫能菌素、马杜拉霉素、海南霉素等。

（6）**多肽类** 包括多黏菌素、杆菌肽、弗吉尼亚霉素、万古霉素等。

165. 抗生素的作用机理是什么？

抗生素的种类很多，目前国内在医学和兽医日常应用的抗生素不少于几十种。不同的抗生素对病菌的作用机理不尽相同，可分为以下几种。

（1）**干扰细菌细胞壁的合成** 使细菌因缺乏完整的细胞壁，抵挡不了水分的侵入，发生膨胀、破裂而死亡。

（2）**使细菌的细胞膜发生损伤** 细菌因内部物质流失而死亡。

（3）**阻碍细菌的蛋白质合成** 使细菌的繁殖终止。

（4）**改变细菌内部的代谢** 影响它的脱氧核糖核酸的合成，使细菌（包括肿瘤细胞）不能重新复制新的细胞物质而死亡。

166. 抗生素对病毒感染有作用吗？

抗生素对病毒感染无效。许多人都知道抗生素有抑制细菌生长和

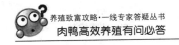

杀死细菌的作用。但抗生素为什么对同样是病原体的病毒又显得无能为力呢？

要回答这个问题，首先要弄清病毒究竟与细菌有什么不同。

细菌是一种单细胞的微小生物，个体极小，通常是以微米（1微米等于千分之一毫米）来作为测量单位的。常见的细菌按其形态不同大致可分成下列几种：球菌、杆菌和螺旋菌。细菌个体虽小，但每一种细菌都有一定的结构。细菌的基本结构从外到内可分为细胞壁、细胞膜、细胞质和细胞核四部分。细菌在足够营养物质和适宜的环境条件下，可以独立完成代谢活动，能在人工培养基上生长，并以二分裂法进行繁殖。

病毒的个体比起细菌来要小多了，一般只有细菌的1/10大小；有的病毒甚至只有细菌的1/100大小，因而可以通过滤菌器，故又有滤过性病毒之称。病毒是一种最小的病原微生物，个体既小，结构也简单。病毒不具有什么细胞结构，除含有一种核酸外，就是核酸外包绕的蛋白衣壳，有些病毒在蛋白衣壳外还覆盖着一层脂蛋白包膜。结构简单的病毒根本不能独立进行代谢活动，只能寄生在活细胞内，依赖细胞供给其合成所需的养分和能量，由简单的病毒核酸分子复制相同的新病毒个体，即以简单的"复制"进行繁殖。

抗生素是通过干扰和破坏细菌的新陈代谢而抑制和杀灭细菌的；由于病毒是寄生在活细胞内而生存的，不具备独立的代谢功能，因此，抗生素对病毒感染也就显得无能为力了。

由此可见，当鸭群患有某些病毒感染性疾病时，养殖户千万不要自作主张乱用抗生素，这样非但不能起到治疗作用，有时还可造成二重感染，或使细菌产生耐药性。

167. 商品肉鸭几日龄进行禽流感免疫？

根据商品肉鸭的母源抗体效价下降规律，一般来说，8日龄为商品肉鸭禽流感的最佳首免日龄。注射部位为颈部皮下，疫苗种类不同注射剂量各不相同。

168. 鸭群应激时应如何治疗？

多与鸭群接触，提高鸭的胆量，防止惊群。青年鸭的胆子小，蛋用品种神经尤其敏感，应利用喂料、喂水、换草等机会多与鸭群接触，有意识培养鸭的胆量，以免在生人走近或环境改变时引起惊群，造成严重损失。根据鸭体的大小、日龄、品种，合理控制鸭群的密度，可减少鸭群应激，一般来说，鸭群密度越大，应激越大，鸭只对疾病的易感性越强。鸭子生活规律性强，饲养管理日程不能随便变动。鸭在炎热的环境中，因散热困难而造成体内过热，容易引起中枢神经、循环和呼吸系统的机能障碍，严重时引起死亡。为了减少热应激，可添加镇静剂、电解质、维生素、清凉性的中草药等药物，以维持正常的代谢。如在饮水中加入 0.2％氯化钾可降低热应激时鸭的体温和呼吸频率，并有一定的增重效果；在饲料或饮水中加入 0.4％碳酸氢钠可缓解热应激，增加肉鸭的采食量和生长速度；在饲料中添加1％氯化铵和 0.5％碳酸氢钠可克服酸碱平衡紊乱，保护生产性能；在饮水中加入 0.2％氯化钾和 0.2％氯化铵，可提高热应激下鸭的成活率和生产性能。

169. 怎样合理使用青霉素类兽药？临床应用时有哪些注意事项？

临床上青霉素是给畜禽防病治病的常用药。但常常由于使用的不够合理而导致种种不良后果，有的不仅无谓地增加了成本，还造成了较大的经济损失。兽用青霉素在临床上必须合理应用，才能实现用药安全和低本高效。

（1）对症用药 青霉素为广谱抗生素，只对多数革兰氏阳性菌、螺旋体、放线菌等有强大的作用，对革兰氏阴性菌如大肠杆菌、沙门氏菌等作用很弱，对结核杆菌、病毒等无效，对耐药的金黄色葡萄球菌也无效，对生长旺盛的敏感菌作用强大。因此，如果使用3～5 天仍无效，要考虑换药。

（2）间隔用药 青霉素在生物体内经过 3～4 小时约 90% 已排泄，6 小时血药浓度明显降低。而细菌受到青霉素的冲击后再生只需 3～4 小时，不接触药物而重新繁殖的细菌易产生耐药性。所以，青霉素每日应使用 2～3 次，连续使用 3～5 天，在症状消失后再巩固用药 1～2 天。

（3）联合用药 ①青霉素与氨基糖苷类抗生素可协同作用，如链霉素、庆大霉素等。②青霉素与丙磺舒、水杨酸类有协同作用。③作用于繁殖期的青霉素与抑菌剂如四环素、大环内酯类有协同作用。④青霉素在近中性溶液中较为稳定，应用时最好用注射用水或生理盐水溶解，现配现用，绝对不能与维生素 C、B 族维生素、碳酸氢钠、阿托品、盐酸、氯丙嗪、肝素、去甲肾上腺素等混合使用，以免产生混浊，降低效价。

（4）用药途径 青霉素钾钠不耐药，内服会被胃酸消化酶破坏，仅有少量吸收，一般达不到血药浓度，故不宜内服。又因为其水溶液极不稳定，放置时间越长分解越多，故一般用药后不宜饮水。最佳的给药途径是肌内注射或静脉滴注。有些疾病治疗，比如创伤（化脓期）蜂窝组织炎和腐蹄病等，必须采取局部用药和全身给药相结合，治疗效果才明显。

170. 为什么提倡"全进全出"的饲养制度？

所谓"全进全出"的饲养制度，即一栋鸭舍只养同一日龄、同一批次的鸭。因为不同日龄的鸭有不同易感或易发的疾病，如果一栋鸭舍内饲养着几种不同日龄的鸭，则日龄较大的患病鸭或已病愈的鸭都可能带菌或带病毒，并可能通过不同的途径排菌或排病毒而传染给易感的小鸭。如此反复，一批一批地传染下去，使疾病长期在场内传播，造成经济损失。例如，危害严重的小鸭病毒性肝炎，一旦在鸭群内流行，病鸭病愈后仍可带毒排毒，若这批鸭尚未离开鸭舍而又进入另一批易感小鸭，同养在一栋鸭舍内，就为疾病的传播创造了条件。饲养的不同日龄批次越多，则鸭群患病的机会也越多。如果执行"全进全出"制度，一批鸭转出或上市，鸭舍经彻底消毒后再进下一批鸭，就安全多了。而且不同日龄的肉鸭也不宜在同一个区域饲养。实践证明，执行"全进全出"的饲养制度是预防疾病、提高成活率和经济效益的有效措施之一。

171. 场地消毒能起防病作用吗？

疫病关键在于预防，场地消毒是预防措施中重要的一项。场地消毒前首先进行清扫，将粪便、垫料等污物清除干净。因为其中含有大量有机物，不但一般消毒剂难以穿透，还会造成消毒剂的浪费、失效或降低消毒效果，清除干净也断绝了有害微生物繁殖和储存的基础，在这种情况下消毒才能起到较好的效果。用垫料的鸭舍可在更换垫料时进行消毒，首先准备好喷洒过消毒液后又晾晒干燥的垫料，而后将原先地面上的垫料清除干净，然后在地面、墙面等喷洒消毒液，晾干后再铺上准备好的垫料。一般可采取 5～7 天消毒一次，空舍时可以用 1：2 的福尔马林和高锰酸钾或其他熏蒸剂熏蒸消毒。

172. 饲养户之间为什么要少交往？

鸭群患病时，尤其是患病毒性、细菌性传染病时，饲养人员在饲喂肉鸭过程中，病原微生物会附着在人的衣物及裸露的皮肤上，如果饲养户之间交往过于频繁，在消毒、防疫措施不利的情况下，很容易导致疾病传播，如果各饲养户之间饲喂不同阶段的肉鸭，则可能导致疾病相继暴发，病原微生物会在整个饲养区长时间存在，鸭群发病几率明显上升，防治疾病成本增加，饲养效益降低，如果是死亡率较高的疾病可能导致鸭群大批死亡，出现亏损。

173. 为什么要对运输车辆消毒？

运输工具因经常运输鸭和其他产品而被污染，装运前后若不进行消毒，可能会造成疾病的流行，因此，运输工具必须进行严格的消毒。消毒前首先要进行机械清洗，然后选用 2%～5%漂白粉澄清液、2%～

4％氢氧化钠、4％福尔马林溶液或 20％石灰乳等进行消毒，每平方米用量为 0.5～1 升，消毒后用清水冲洗干净。

174. 剖检病鸭的一般原则是什么？

（1）及早剖检 应在鸭死亡后立即剖检，特别是夏季有的脏器在死亡之前就开始腐败，为减少死后变化干扰，有必要时可选取病情危重的病鸭人工致死后剖检。

（2）防止疫病扩散，注意剖检人员自身防护 剖检时应选取远离鸭舍、无风或密闭的专门场所。剖检后的尸体、废物应焚烧或深埋，工具、污染的环境应清洗、消毒。

（3）剖检之前应对病情有所了解 应根据流行病学、临床症状、死亡姿态等做出初步判断，做到心中有数、有重点地进行剖检。剖检应按皮下、呼吸道、心、肝、脾、肾，最后看胃肠的顺序，依次剪开，对疫病有指示作用的病变要特别注意，如皮下组织、食管、气管、肝脏、腺胃、脾脏、肠黏膜及泄殖腔等。

（4）剖检过程应全面观察 对病情进行客观描述，详细记录，结合流行病学、临床症状和病因检验等资料，作综合分析和推理判断。

175. 怎样填写病鸭剖检记录？

通过病鸭的尸体剖检可以观察各器官的病变，帮助判断死因，对于一些群发性疾病，尤其是传染性疾病，通过尸体剖检能及早做出诊断，以利于采取有效的防治、扑灭措施。

剖检报告的内容包括剖前记录、剖检所见、病理诊断、讨论和总结。

（1）剖前记录 记载畜主、畜别、病畜日龄、特征、临床摘要及诊断；死亡时间、剖检时间、地点及剖检人签名等。

（2）剖检所见 以剖检记录为依据，按主次顺序记载尸体出现的病变。

（3）病理诊断 根据剖检病变，对本病例的主要变化以及所引起的一系列病变做出病理诊断。

（4）讨论和总结 内容包括判断主要疾病，分析各种疾病病理间的关系，说明患畜死亡的原因。

176. 法律法规对肉鸭养殖场粪污处理的相关规定有哪些？

（1）《畜禽规模养殖污染防治条例》第十二条规定：新建、改建、扩建畜禽养殖场、养殖小区，应当符合畜牧业发展规划、畜禽养殖污染防治规划，满足动物防疫条件，并进行环境影响评价。对环境可能造成重大影响的大型畜禽养殖场、养殖小区，应当编制环境影响报告书；其他畜禽养殖场、养殖小区应当填报环境影响登记表。大型畜禽养殖场、养殖小区的管理目录，由国务院环境保护主管部门商国务院农牧主管部门确定。

环境影响评价的重点应当包括：畜禽养殖产生的废弃物种类和数量，废弃物综合利用和无害化处理方案和措施，废弃物的消纳和处理情况以及向环境直接排放的情况，最终可能对水体、土壤等环境和人体健康产生的影响以及控制和减少影响的方案和措施等。

（2）地方性法规规定如《山东省畜禽养殖管理办法》第十二条第四款规定：有对废水、异味、畜禽粪便和其他固体废弃物进行治理和综合利用的设施或者无害化处理设施，并与主体工程同时设计、同时施工、同时投入使用。

177. 目前适用于肉鸭饲养场的粪污无害化处理方式主要有哪些？

据测定，一只鸭平均每天排出鲜粪 100 克，每万只鸭每天产粪达 1 吨。

（1）堆积发酵后还田 鸭粪是氮、磷、钾含量丰富、迅速见效的优质肥料，用于农田能起到改良土壤、增加有机质、提高土壤肥力的作用。主要适用于周边有需要常年施肥的农作物、年出栏量 50 万只以下的肉鸭养殖户和肉鸭养殖场。粪污全部还田时，每出栏 2 000 只肉鸭需配套建设堆粪场或者储粪池 1 米^3；每出栏 200 只肉鸭每年产生的粪污量至少需要1亩土地消纳。

（2）好氧堆肥法生产有机肥　在有氧条件下，依靠好氧微生物的作用使粪便中的有机物质稳定化的过程。好氧堆肥有条垛、静态通气、槽式、容器等4种堆肥形式。堆肥过程中可通过调节碳氮比、控制堆温、通风、添加沸石和采用生物过滤床等技术进行除臭。

（3）垫料发酵床　将发酵菌种与秸秆等混合制成有机垫料，利用其中的微生物对粪便进行分解形成有机肥还田。

178.　病死肉鸭的无害化处理措施有哪些？

（1）焚烧　是通过氧化燃烧杀灭病原微生物，把病死鸭体变为灰烬的过程。焚烧可采用的方法有柴堆火化、焚烧炉和焚烧窑/坑等。高温焚烧的优点是可消灭所有有害病原微生物。缺点是需消耗大量能源。据了解，采用焚烧炉处理200千克的病死动物，至少需要燃烧8升/小时的柴油。另外，占用场地大，选择地点较局限。应远离居民区、建筑物、易燃物品。焚烧还会导致大气污染。

（2）深埋　将病死畜禽埋于挖好的坑内，利用土壤微生物将尸体腐化、降解。深埋的优点是成本投入少，仅需购置或租用挖掘机。缺点包括：①占用场地大，选择地点较局限。应远离居民区、建筑物等偏远地段。②处理程序较繁杂，需耗费较多的人力进行挖坑、掩埋、场地检查。③使用漂白粉、生石灰等进行消毒，灭菌效果不理想，存在爆发疫情的安全隐患。④造成地表环境、地下水资源的污染问题。

（3）化尸池　将病死畜禽从池顶的投料口投入，投料后关上盖子，病死畜禽在全封闭的腔内自然腐化、降解。优点：化尸池建造施工方便，建造成本低廉。缺点：①占用场地大，化尸池填满病死畜禽后需要重新建造。②选择地点较局限，需耗费较大的人力进行搬运。③灭菌效果不理想。④造成地表环境、地下水资源的污染问题。

（4）化制　病死畜禽经过高温高压灭菌处理，实现油水分离，化制后可用于制作肥料、工业用油等。优点：①处理后成品可再次利用，实现资源循环。②高温高压可使油脂溶化和蛋白质凝固，杀灭病原体。缺点：①设备投资成本高。②占用场地大，需单独设立车间或建场。③化制产生废液污水，需进行二次处理。

（5）高温生物降解（现行最佳方法）　利用微生物可降解有机质的能力，结合特定微生物耐高温的特点，将病死畜禽尸体及废弃物进行高温灭菌、生物降解成有机肥的技术。优点：①处理后，成品为富含氨基酸、微量元素等的高档有机肥，可用于农作物种植，实现资源循环。②设备占用场地小，选址灵活，可设于养殖场内。③工艺简单，病死畜禽无需人工切割、分离，可整只投入设备中，加入适量微生物、辅料，启动运行即可。处理物、产物均在设备中完成，实现全自动化操作，仅需 24 小时，病死畜禽变成高档有机肥。④处理过程无烟、无臭、无污水排放，符合绿色环保要求。⑤95℃高温处理可完全杀灭所有有害病原体。缺点：设备投资成本过高，散养户无法购置使用。

179.　如何诊治肉鸭黄病毒病？

肉鸭黄病毒病是由黄病毒属的坦布苏病毒引起的，商品肉鸭以瘫痪为特征，种鸭以产蛋严重下降为主要特征的急性、病毒性传染病。

【临床症状】突然发病，鸭群精神尚好，采食下降，粪便稀薄、变绿；商品鸭可出现高热、运动障碍、食欲废绝；种鸭初期轻度产蛋下降，逐步发展到严重下降，产蛋率可从 90％降至 10％～20％；死亡率不高，零星死亡，死亡率 5％～10％

【剖检症状】脾脏肿大明显，肝脏有瘀血，表面有针尖状白色坏死点。卵巢发生出血、萎缩，卵黄破裂等眼观变化。

【预防治疗】

（1）加强蚊虫、野鸟的预防，加强场舍消毒，消灭传染源，切断传染途径；

（2）种鸭开产前 16～18 周龄可用坦布苏病毒弱毒疫苗免疫，尽量不要在开产后免疫；

（3）发病鸭可采用特效抗体（国产进口均可）＋头孢＋干扰素注射治疗，实践证明有明显效果。

180. 什么是肉鸭大舌病？如何诊治？

肉鸭大舌病是近年来新发生的以短喙、长舌和生长障碍为主要特征的地方性流行病，病原学尚未确定，一般认为是由变异的小鹅瘟病毒（短嘴型小鹅瘟病毒）引起，也有报道认为是小鹅瘟病毒和细小病毒共同感染。本病主要发生于樱桃谷商品鸭，番鸭也少有发生，发病日龄在 10～20 日龄不等，早的见于 5 日龄，晚的见于 40 日龄仍有发生。发病率在 5%～20%，死亡率较低。

【临床症状】大群鸭采食、精神基本正常，10 日龄左右陆续出现生长速度偏慢的鸭，发病鸭排绿色、白色稀便；发病鸭逐渐出现站立不稳，行走时出现"八字脚"状态，严重的出现蹲坐式瘫痪；典型表现一般为短喙、长舌，胫骨短粗易骨折。

【剖检症状】多见胸腺肿大、出血；肠黏膜出血、脱落，严重的在肠道中形成肠栓。

【预防】①养殖间隔空舍 15 天以上，加强对孵化室、育雏舍的消毒。②种鸭开产前接种鸭细小病毒灭活疫苗。③小鹅瘟抗体注射每只 0.3～0.5 毫升，1 日龄、7 日龄各一次。④对症预防：维生素 AD_3＋烟酸拌料，连用 7～10 天。⑤防止继发感染可加入氟苯尼考或强力霉素制剂；添加含杨树花成分的具有清热解毒功效的口服液制剂。

参 考 文 献

陈杖榴 . 2002. 兽医药理学［M］. 北京：中国农业出版社 .

贺生中，朱达文 . 2008. 常见鸭病防治 300 问［M］. 北京：中国农业出版社 .

黄瑜，苏敬良 . 2001. 鸭病诊治彩色图谱［M］. 北京：中国农业大学出版社 .

吕荣修，郭玉璞 . 2004. 禽病诊断彩色图谱［M］. 北京：中国农业大学出版社 .

周新民 . 2005. 鸭场兽医［M］. 北京：中国农业出版社 .

周中华，黄世仪 . 2007. 肉鸭高效益饲养技术［M］. 北京：金盾出版社 .

图书在版编目（CIP）数据

肉鸭高效养殖有问必答/郭秀清，张立庆主编. —
北京：中国农业出版社，2017.1（2018.10 重印）
（养殖致富攻略·一线专家答疑丛书）
ISBN 978-7-109-21835-2

Ⅰ.①肉…　Ⅱ.①郭…②张…　Ⅲ.①肉用鸭—饲养
管理—问题解答　Ⅳ.①S834-44

中国版本图书馆 CIP 数据核字（2016）第 148721 号

中国农业出版社出版
（北京市朝阳区麦子店街 18 号楼）
（邮政编码 100125）
责任编辑　张艳晶

中国农业出版社印刷厂印刷　新华书店北京发行所发行
2017 年 1 月第 1 版　　2018 年 10 月北京第 3 次印刷

开本：880mm×1230mm 1/32　印张：4.375
字数：115 千字
定价：18.00 元
（凡本版图书出现印刷、装订错误，请向出版社发行部调换）